Kazi Abdus Sobur

Varíola dos macacos

Kazi Abdus Sobur

Varíola dos macacos

Uma ameaça zoonótica emergente na era moderna

ScienciaScripts

Imprint
Any brand names and product names mentioned in this book are subject to trademark, brand or patent protection and are trademarks or registered trademarks of their respective holders. The use of brand names, product names, common names, trade names, product descriptions etc. even without a particular marking in this work is in no way to be construed to mean that such names may be regarded as unrestricted in respect of trademark and brand protection legislation and could thus be used by anyone.

Cover image: www.ingimage.com

This book is a translation from the original published under ISBN 978-620-8-11891-4.

Publisher:
Sciencia Scripts
is a trademark of
Dodo Books Indian Ocean Ltd. and OmniScriptum S.R.L publishing group

120 High Road, East Finchley, London, N2 9ED, United Kingdom
Str. Armeneasca 28/1, office 1, Chisinau MD-2012, Republic of Moldova, Europe
Printed at: see last page
ISBN: 978-620-8-22058-7

Varíola dos macacos

Uma ameaça zoonótica emergente na era moderna

Kazi Abdus Sobur

Aos cientistas do Bangladesh, que obtenham diplomas estrangeiros e regressem para servir o seu amado país.

A vossa dedicação, paixão e empenho em fazer avançar o conhecimento e o desenvolvimento são uma verdadeira inspiração.

Este livro é dedicado a si.

RECONHECIMENTO

Antes de mais, estou profundamente grato a Deus Todo-Poderoso por me ter concedido a oportunidade, a força e a perseverança para completar este livro. As suas bênçãos e orientação têm sido uma fonte constante de inspiração ao longo desta jornada.

Agradeço sinceramente à minha querida esposa, **Anika Thasin Bithi**, pelo seu apoio e encorajamento inabaláveis. A sua paciência e compreensão foram fundamentais para a conclusão bem sucedida deste trabalho.

Estou também imensamente grata aos meus pais, **Kazi Abdul Hamid** e **Shahida Khanam**, bem como aos meus sogros, **Md. Nazimuddin** e **Hasna Hena**, pelo seu apoio e orações constantes. O seu amor e encorajamento foram sempre a minha força.

Gostaria de agradecer a **Obonti**, **Suria** e **Shinha** pela sua grande fonte de motivação. Estou especialmente grato a **Palash Bose** pelo seu inestimável apoio e orientação.

Estou profundamente grato a todos os meus professores do Departamento de Microbiologia e Higiene da Universidade Agrícola do Bangladesh. A sua orientação e conhecimentos contribuíram significativamente para o meu crescimento académico e profissional. Estou igualmente grato a todos os meus colegas e amigos pelo seu encorajamento e apoio ao longo deste percurso.

Obrigado a todos por terem feito parte desta conquista.

Kazi Abdus Sobur

setembro de 2024

RESUMO

A varíola do macaco, uma doença zoonótica viral, emergiu como uma preocupação significativa para a saúde global devido à sua incidência crescente e à interação complexa entre hospedeiros humanos e animais. Este livro apresenta uma análise exaustiva da varíola dos macacos, abrangendo a sua biologia, epidemiologia, manifestações clínicas, implicações para a saúde pública e estratégias terapêuticas inovadoras. O seu objetivo é dotar os leitores de uma compreensão holística do vírus e do seu impacto, realçando a importância da preparação e da colaboração global no combate a esta ameaça emergente.

O livro começa por explorar a biologia do vírus Mpox, descrevendo em pormenor as suas caraterísticas estruturais únicas e a sua composição genética. A compreensão da biologia do vírus é crucial para o desenvolvimento de ferramentas de diagnóstico e intervenções terapêuticas. Os mecanismos de transmissão do Mpox, incluindo a sua natureza zoonótica e a propagação entre humanos, são examinados para realçar os desafios no controlo da sua disseminação. A secção sobre a patogénese analisa a progressão da doença e a resposta imunitária do hospedeiro, fornecendo informações sobre os factores que influenciam a gravidade e os resultados da doença.

Segue-se uma análise pormenorizada da epidemiologia do Mpox, traçando surtos históricos e padrões de distribuição geográfica. O livro identifica os principais factores de risco, como o contacto com animais selvagens e os comportamentos humanos, que contribuem para a propagação do vírus. Ao compreender estas tendências epidemiológicas, os profissionais de saúde pública podem direcionar melhor as intervenções para prevenir futuros surtos.

As manifestações clínicas da Mpox tanto em seres humanos como em animais são discutidas em pormenor, ilustrando a variabilidade dos sintomas e a gravidade da doença. O livro descreve os métodos de diagnóstico mais recentes, desde as técnicas clínicas tradicionais até aos ensaios moleculares avançados, que são essenciais para a deteção precoce e a gestão eficaz dos casos de Mpox. Os estudos de casos reais fornecem exemplos práticos de diferentes cenários clínicos, realçando as complexidades do diagnóstico e do tratamento.

As estratégias de saúde pública são um foco central do livro, com capítulos dedicados às medidas de prevenção e controlo, ao papel da vacinação e ao impacto do Mpox nos sistemas de saúde globais. O livro discute os esforços de vacinação passados e presentes, incluindo a utilização de adjuvantes de vacinas para melhorar a resposta imunitária. Também explora os desafios da distribuição e aceitação da vacina, particularmente em contextos de recursos limitados.

A interface entre a saúde humana e a saúde animal é explorada através da estrutura One Health, enfatizando a interconexão dos ecossistemas, da saúde humana e das populações animais. O livro discute o papel dos animais selvagens como reservatórios do vírus e as implicações para a transmissão zoonótica. O impacto do Mpox na saúde animal e nas indústrias pecuárias também é considerado, destacando as consequências socioeconómicas mais amplas da doença.

As abordagens terapêuticas inovadoras, incluindo a utilização de agentes antivíricos, microRNAs, interferência de RNA e nanotecnologia, são apresentadas como vias promissoras para o tratamento futuro. O livro analisa a investigação atual e as potenciais aplicações destas terapias na gestão do Mpox e de outras ameaças virais emergentes.

No contexto da pandemia de COVID-19, o livro estabelece paralelos entre o Mpox e o SARS-CoV-2, discutindo as lições aprendidas e o potencial para cenários de co-infeção. Sublinha a importância da preparação global, de respostas eficazes em matéria de saúde pública e de sistemas de vigilância sólidos para atenuar o impacto de futuros surtos.

Os capítulos finais defendem uma abordagem proactiva e colaborativa do Mpox e de outras doenças zoonóticas semelhantes. O livro apela ao reforço das infra-estruturas de saúde globais, ao aumento dos esforços de investigação e desenvolvimento e a um maior envolvimento e educação do público. Ao promover uma compreensão abrangente do Mpox e dos seus desafios, este livro pretende contribuir para o esforço global de controlo desta ameaça à saúde pública em evolução e prevenir futuros surtos.

Índice

INTRODUÇÃO

Visão geral da varíola dos macacos

A varíola dos macacos, anteriormente conhecida como Mypox, é uma doença zoonótica viral causada pelo vírus Mpox, um membro do género Orthopoxvirus da família Poxviridae. Identificada pela primeira vez em macacos de laboratório em 1958, o nome da doença reflecte a sua descoberta inicial, embora esteja mais frequentemente associada a roedores na natureza. O primeiro caso humano de Mpox foi registado em 1970 na República Democrática do Congo (RDC), durante um período em que estavam a ser feitos esforços para eliminar a varíola. Desde então, a varíola tem sido reconhecida como uma doença endémica em vários países da África Central e Ocidental, com surtos ocasionais noutras partes do mundo.

A varíola está intimamente relacionada com a varíola, partilhando caraterísticas clínicas semelhantes, embora cause geralmente uma doença mais ligeira. Os sintomas incluem tipicamente febre, dores de cabeça, dores musculares, gânglios linfáticos inchados e uma erupção cutânea caraterística que progride através de várias fases - de máculas a pústulas - antes de eventualmente formar uma crosta. A taxa de letalidade da doença varia entre 1% e 10%, dependendo da estirpe do vírus e do contexto dos cuidados de saúde.

O principal modo de transmissão é através do contacto com fluidos corporais, lesões cutâneas ou gotículas respiratórias de animais ou seres humanos infectados. Embora a transmissão entre humanos tenha sido documentada, é menos eficiente do que em doenças como a varíola ou a COVID-19. No entanto, certas actividades, como cuidar de pessoas doentes ou ter contacto sexual com pessoas infectadas, podem aumentar significativamente o risco de transmissão.

Nos últimos anos, a doença ganhou mais atenção devido ao seu potencial para causar surtos fora de África. Esta situação foi exacerbada pela globalização, pelo aumento das interações entre o homem e a vida selvagem e pelas alterações na utilização dos solos, que aproximaram os seres humanos dos reservatórios naturais do vírus. O significado global do Mpox reside no seu potencial para causar surtos esporádicos com a possibilidade de uma propagação mais ampla, particularmente num mundo ainda a recuperar dos impactos da pandemia da COVID-19.

O surto de 2024

O surto de Mpox de 2024 marcou um ponto de viragem significativo na compreensão global da doença. Ao contrário dos surtos anteriores, que se limitavam sobretudo a África, este surto teve uma distribuição geográfica muito mais ampla, afectando países da Europa, Ásia e Américas. O surto pôs em evidência vários factores críticos que contribuíram para o seu impacto generalizado, incluindo alterações nos padrões de transmissão viral, o aumento das viagens a nível mundial e uma resposta tardia da saúde pública.

O surto de 2024 foi caracterizado por um número de casos superior ao esperado entre homens que fazem sexo com homens (HSH), particularmente em centros urbanos com populações densas. O vírus espalhou-se rapidamente através de redes sexuais, o que suscitou preocupações quanto à transmissão sexual como uma das principais vias de infeção, um fator que tinha sido subestimado em surtos anteriores. Esta revelação levou as autoridades sanitárias a reconsiderar os modelos tradicionais de transmissão do Mpox e a adaptar as estratégias de saúde pública em conformidade.

Os sistemas de saúde pública de todo o mundo foram apanhados desprevenidos pela rapidez e dimensão do surto. Muitos países tiveram dificuldade em aplicar medidas de confinamento eficazes, o que levou a uma transmissão comunitária generalizada. O surto também expôs as fragilidades dos sistemas de vigilância global e pôs em evidência os desafios da coordenação de uma resposta internacional a uma doença zoonótica com potencial pandémico.

O surto de 2024 teve um impacto profundo na saúde pública, sobrecarregando os sistemas de saúde já sobrecarregados por outras doenças e pela recuperação em curso da pandemia de COVID-19. Para além dos impactos diretos na saúde, o surto provocou perturbações sociais e económicas significativas. As escolas e os locais de trabalho foram encerrados nas zonas afectadas, foram reintroduzidas restrições às viagens e a confiança do público nas autoridades sanitárias foi abalada.

O surto de 2024 serviu também de alerta para a comunidade sanitária mundial. Sublinhou a importância da deteção e resposta rápidas, a necessidade de sistemas de vigilância robustos e o papel fundamental da vacinação no controlo de doenças zoonóticas como o Mpox. As lições aprendidas com este surto têm servido de base aos esforços em curso para reforçar a segurança sanitária mundial e preparar futuros surtos de doenças infecciosas emergentes.

Importância de compreender o Mpox

No contexto de um mundo cada vez mais interligado, em que as doenças zoonóticas representam uma ameaça crescente para a saúde global, a compreensão do Mpox é mais crítica do que nunca. As doenças zoonóticas, que são doenças transmitidas dos animais para os seres humanos, representam uma proporção significativa de todas as novas doenças infecciosas emergentes. À medida que os seres humanos penetram cada vez mais nos habitats da vida selvagem e que as alterações climáticas alteram os ecossistemas, o risco de propagação de zoonoses está a aumentar. O Mpox serve para recordar os perigos que estas doenças representam e a necessidade de uma abordagem proactiva, e não reactiva, da saúde pública.

Vários factores tornam o estudo do Mpox particularmente importante:

1. **Origem zoonótica**: Como doença zoonótica, o Mpox exemplifica as interações complexas entre os seres humanos, os

animais e o ambiente. O estudo do Mpox permite compreender os mecanismos de transmissão zoonótica, o papel dos animais selvagens como reservatórios da doença e as formas como as actividades humanas podem facilitar a propagação de vírus dos animais para os seres humanos.

2. **Segurança sanitária mundial**: A resposta global ao Mpox pode servir de modelo para a abordagem de outras doenças zoonóticas emergentes. Compreender a epidemiologia, a dinâmica de transmissão e as implicações para a saúde pública do Mpox é essencial para o desenvolvimento de estratégias de prevenção e controlo de futuros surtos, particularmente num mundo que ainda se debate com as consequências da pandemia de COVID-19.
3. **Desenvolvimento e distribuição de vacinas**: A estreita relação do Mpox com a varíola tem implicações importantes para o desenvolvimento de vacinas. O estudo do Mpox pode contribuir para o desenvolvimento de novas vacinas e terapêuticas que possam ser eficazes contra outros poxvírus. Além disso, as lições da distribuição de vacinas contra o Mpox podem ajudar a melhorar as estratégias globais de vacinação para outras doenças infecciosas emergentes.
4. **Preparação para a saúde pública**: O surto de 2024 realçou a necessidade de melhores mecanismos de preparação e resposta, tanto a nível nacional como internacional. Ao estudar o Mpox, as autoridades de saúde pública podem melhorar a vigilância,

a deteção precoce e os sistemas de resposta rápida, que são fundamentais para conter os surtos antes que estes se agravem.

5. **Impactos sociais e económicos**: O Mpox, tal como outras doenças infecciosas, tem consequências sociais e económicas de grande alcance. A compreensão destes impactos pode ajudar os governos e as organizações a desenvolverem políticas mais eficazes para atenuar os efeitos de futuros surtos, especialmente em comunidades vulneráveis.
6. **Abordagem "Uma Só Saúde"**: O estudo do Mpox reforça a importância da abordagem One Health, que reconhece a interconexão da saúde humana, animal e ambiental. A abordagem do Mpox e de outras doenças zoonóticas exige a colaboração entre disciplinas e sectores para desenvolver soluções abrangentes que protejam a saúde pública.

Em resumo, compreender o Mpox não é apenas combater uma única doença - é aumentar a resiliência da saúde global face a um número crescente de ameaças zoonóticas emergentes. Ao estudar o Mpox, podemos obter conhecimentos valiosos que nos ajudarão a prevenir e a responder a futuros surtos, a proteger as populações vulneráveis e, em última análise, a melhorar a segurança sanitária global.

Capítulo 1: A biologia do vírus Mpox

1.1 Estrutura e genoma do vírus

O vírus Mpox pertence ao género Orthopoxvirus da família Poxviridae, que também inclui o vírus da varíola (responsável pela varíola), o vírus da vaccinia e o vírus da cowpox. Tal como outros poxvírus, o Mpox é um vírus de grandes dimensões, com uma estrutura complexa. O seu genoma é composto por ADN de cadeia dupla, com cerca de 197 pares de kilobases (kbp) de comprimento, que codifica mais de 200 proteínas. Este genoma de grandes dimensões permite que o vírus produza uma variedade de proteínas que podem modular as respostas imunitárias do hospedeiro e ajudar na replicação e propagação viral.

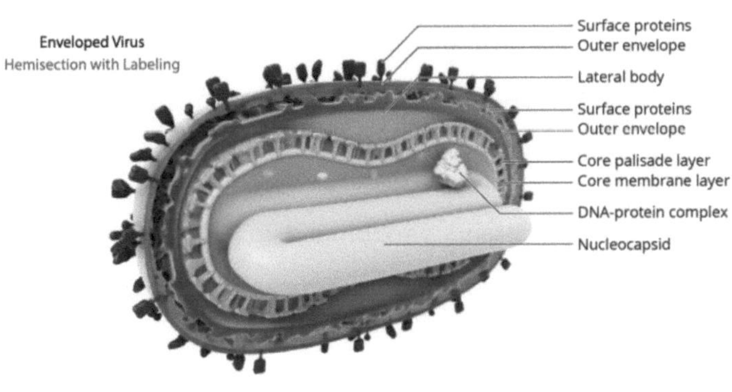

Figura 1: Estrutura do vírus da varíola do macaco: Envelope e vírus maduro (Cognition Studio, Inc. e David H. Spach, MD)

Estrutura: O vírus tem uma morfologia em forma de tijolo com uma membrana exterior e um núcleo que alberga o genoma viral. O núcleo é ladeado por dois corpos laterais, que contêm enzimas e outras proteínas necessárias para iniciar a replicação viral após a entrada numa célula hospedeira. O envelope está repleto de proteínas de superfície que facilitam a ligação às células hospedeiras e a entrada nas mesmas.

Componentes genómicos: O genoma do Mpox está dividido em genes essenciais localizados no centro do genoma e genes não essenciais localizados nas extremidades. A região central do genoma codifica as proteínas necessárias para a replicação, transcrição e montagem do virião, enquanto as regiões terminais contêm genes envolvidos na evasão imunitária do hospedeiro e na virulência. As principais proteínas codificadas pelo genoma do Mpox incluem enzimas para a replicação e reparação do ADN, proteínas estruturais e várias proteínas imunomoduladoras que permitem ao vírus escapar à deteção e destruição pelo sistema imunitário do hospedeiro.

O genoma também apresenta variabilidade, com diferentes estirpes de Mpox a apresentarem diferenças genéticas que podem influenciar a virulência e a dinâmica de transmissão. Esta variabilidade genética é uma das razões pelas quais diferentes surtos de Mpox podem ter diferentes níveis de gravidade e transmissibilidade

1.2 Mecanismos de transmissão

O Mpox é principalmente um vírus zoonótico, o que significa que é transmitido dos animais para os seres humanos. Pensa-se que os reservatórios naturais do vírus Mpox são os roedores, como esquilos, ratos e outros pequenos mamíferos, com esporádicos contágios nas populações humanas. A transmissão entre animais e seres humanos pode ocorrer através do contacto direto com fluidos corporais, lesões ou gotículas respiratórias de animais ou seres humanos infectados.

Transmissão de animal para humano: O principal modo de transmissão dos animais para os seres humanos é através do contacto direto com um animal infetado ou com as suas secreções, como a saliva, o sangue ou os exsudados de lesões cutâneas. Os seres humanos também podem contrair o vírus através do consumo de carne mal cozinhada de animais infectados ou do manuseamento de carne de animais selvagens em regiões onde o vírus é endémico. A caça e a manipulação de animais selvagens nas regiões afectadas representam riscos significativos de transmissão zoonótica.

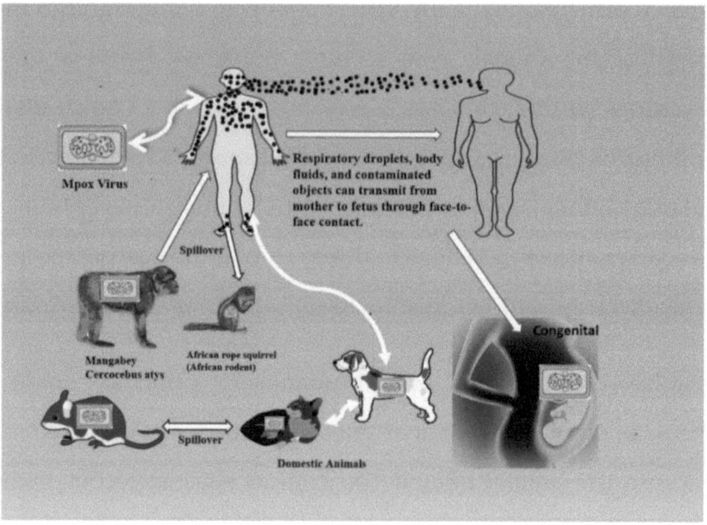

Figura 2: Transmissão do vírus Mpox (fonte: MDPI, vacinas)

Transmissão de humano para humano: Embora menos comum do que a transmissão zoonótica, a transmissão entre humanos pode ocorrer através do contacto próximo com secreções respiratórias, lesões cutâneas ou objectos contaminados (fómites). É mais provável que esta transmissão ocorra em ambientes domésticos, instalações de cuidados de saúde ou outros ambientes onde é comum o contacto próximo com indivíduos infectados. Surtos recentes, incluindo o surto de 2024, destacaram a transmissão sexual como uma via importante, particularmente entre homens que fazem sexo com homens (HSH). O vírus foi detectado em secreções genitais, e o contacto sexual foi identificado como um fator significativo na propagação do Mpox em comunidades específicas.

Transmissão ambiental: O vírus também pode persistir no ambiente durante longos períodos, especialmente em condições mais frias e húmidas. Esta estabilidade ambiental significa que as superfícies e os objectos contaminados, como a roupa de cama, o vestuário e os instrumentos médicos, podem servir como fontes de infeção, tornando a higiene e a desinfeção fundamentais na gestão dos surtos.

1.3 Patogénese

A patogénese refere-se ao desenvolvimento e à progressão da doença após a infeção pelo vírus Mpox. O curso da infeção por Mpox envolve várias fases, desde a entrada inicial do vírus até à ativação da resposta imunitária e à manifestação de sintomas clínicos.

Entrada e replicação do vírus: O vírus Mpox entra no corpo através das superfícies mucosas ou da pele gretada. Uma vez lá dentro, o vírus tem como alvo as células epiteliais, onde começa a replicar-se. Após a replicação inicial no local de entrada, o vírus espalha-se para os gânglios linfáticos locais, onde continua a replicar-se e entra na corrente sanguínea, provocando viremia. Esta viremia permite que o vírus se dissemine por todo o corpo, atingindo vários órgãos, incluindo a pele, onde se desenvolve a erupção cutânea caraterística.

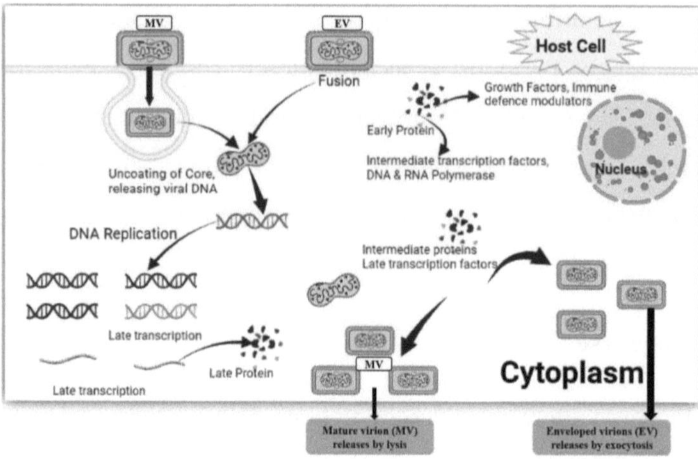

Figura 3: Vias citosólicas do vírus Mpox para o ciclo de vida viral. O virião com envelope (EV) entra na célula hospedeira por fusão e o virião maduro (MV) por micropinocitose ou fusão. (Fonte: MDPI, vacinas)

Sintomas clínicos e progressão da doença: O período de incubação do Mpox varia tipicamente entre 6 e 13 dias, mas pode prolongar-se até 21 dias. A doença começa com sintomas inespecíficos, como febre, dores de cabeça, dores musculares, dores nas costas e gânglios linfáticos inchados. Estes sintomas são seguidos pelo aparecimento de uma erupção cutânea, que normalmente começa no rosto e depois se espalha para outras partes do corpo, incluindo as palmas das mãos e as plantas dos pés.

A erupção cutânea progride em várias fases, começando por máculas (lesões planas), depois pápulas (lesões elevadas), vesículas (bolhas cheias de líquido), pústulas (lesões cheias de pus) e, finalmente, crostas que acabam por cair. A gravidade da erupção cutânea e de outros sintomas pode variar, com alguns doentes a apresentarem uma doença ligeira e outros a desenvolverem complicações mais graves ou mesmo com risco de vida, como infecções bacterianas secundárias, dificuldades respiratórias ou encefalite.

Resposta imunitária: A resposta imunitária do organismo ao Mpox envolve tanto a imunidade inata como a imunidade adaptativa. A resposta imunitária inata, que é a primeira linha de defesa do organismo, inclui a ativação de macrófagos, células natural killer (NK) e a libertação de citocinas que ajudam a controlar a replicação viral. No entanto, o Mpox, tal como outros poxvírus, desenvolveu mecanismos para escapar ao sistema imunitário. Por exemplo, pode inibir a produção de interferões, um grupo de proteínas sinalizadoras que desempenham um papel crucial na defesa antiviral.

A resposta imunitária adaptativa, que envolve a ativação das células T e a produção de anticorpos pelas células B, é essencial para eliminar a infeção. Os doentes que recuperam da varíola desenvolvem normalmente uma imunidade duradoura, embora a duração e a força desta imunidade possam variar. A presença de proteção cruzada devido à vacinação anterior contra a varíola foi observada em alguns indivíduos, levando a resultados mais brandos da doença.

Factores do hospedeiro e gravidade da doença: Vários factores do hospedeiro influenciam a gravidade do Mpox, incluindo a idade, o estado imunitário e as condições de saúde subjacentes. Os indivíduos imunocomprometidos, como os portadores de VIH/SIDA ou os que recebem terapias imunossupressoras, correm um maior risco de doença grave. Para além disso, as crianças e as mulheres grávidas podem ter resultados mais graves.

Em resumo, a patogénese do Mpox envolve uma interação complexa entre a replicação viral, a evasão imunitária e a resposta imunitária do hospedeiro. A compreensão destes mecanismos é crucial para o desenvolvimento de tratamentos eficazes e de estratégias de prevenção, particularmente face aos surtos em curso e ao potencial de propagação.

Capítulo 2: A história do Mpox

2.1 Descoberta inicial e atribuição de nomes

A varíola, originalmente conhecida como monkeypox, foi descoberta em 1958, quando ocorreram surtos de uma doença semelhante à varíola em macacos de laboratório mantidos para investigação na Dinamarca. Apesar do nome, os macacos não são o reservatório natural do vírus; pelo contrário, foram os primeiros animais não humanos em que o vírus foi identificado. O termo incorreto "varíola do macaco" persistiu e só muito mais tarde foi adotado o nome mais exato "Mpox".

A descoberta do Mpox coincidiu com os esforços globais para erradicar a varíola, um vírus intimamente relacionado. Os cientistas rapidamente reconheceram que o Mpox partilha muitas semelhanças com a varíola, incluindo as suas manifestações clínicas, modo de transmissão e estrutura. No entanto, ao contrário da varíola, que afectava principalmente os seres humanos, a varíola foi inicialmente reconhecida como uma doença zoonótica, transmitida de animais para seres humanos.

2.2 O primeiro caso humano e os primeiros surtos

O primeiro caso humano registado de Mpox ocorreu em 1970 na República Democrática do Congo (RDC), num rapaz de nove meses de idade, durante um período de vigilância reforçada da varíola. Este caso marcou o início do reconhecimento do Mpox como uma doença capaz de infetar seres humanos. Investigações subsequentes revelaram que o vírus era endémico em vários países da África Central e Ocidental, particularmente em áreas com interações humanas e animais próximas.

Durante as décadas de 1970 e 1980, foram notificados surtos esporádicos de Mpox na África rural, principalmente na RDC e nos países vizinhos. Estes surtos estavam frequentemente ligados ao contacto com animais selvagens, particularmente roedores e outros pequenos mamíferos, que foram identificados como os reservatórios naturais do vírus. Os casos humanos eram tipicamente isolados e ocorriam em regiões remotas, limitando a propagação da doença.

Apesar do seu alcance geográfico limitado, o Mpox foi reconhecido como uma preocupação significativa de saúde pública nas áreas afectadas devido à sua semelhança com a varíola e ao seu potencial para causar doenças graves, especialmente em crianças. No entanto, a atenção global manteve-se centrada na erradicação da varíola e o Mpox recebeu relativamente pouca atenção fora de África.

2.3 A era pós-varíola e o aumento do reconhecimento

A erradicação da varíola em 1980 marcou um ponto de viragem na saúde pública mundial. Com o desaparecimento da varíola, a atenção começou a virar-se para outros vírus da varíola, incluindo o Mpox. Os cientistas e as autoridades sanitárias ficaram cada vez mais preocupados com o facto de o Mpox poder surgir como uma ameaça significativa para a saúde pública na ausência da vacinação contra a varíola, que tinha proporcionado um certo nível de proteção cruzada contra outros vírus da varíola.

Ao longo das décadas de 1980 e 1990, continuaram a ser notificados surtos esporádicos de Mpox na África Central e Ocidental, com um reconhecimento crescente do impacto da doença na saúde humana e animal. Durante este período, os investigadores começaram a identificar dois clados distintos do vírus Mpox: o clado da África Central (Bacia do Congo), que estava associado a uma doença mais grave e a taxas de mortalidade mais elevadas, e o clado da África Ocidental, que normalmente causava uma doença mais ligeira.

O primeiro surto significativo fora de África ocorreu em 2003 nos Estados Unidos, salientando o potencial de propagação do Mpox para além das suas regiões endémicas tradicionais. Este surto esteve ligado à importação de roedores africanos infectados, que subsequentemente infectaram cães da pradaria vendidos como animais de estimação. O surto resultou em mais de 70 casos confirmados de Mpox em humanos, embora não tenham sido registadas mortes. O surto de 2003 sublinhou os riscos associados ao comércio global de animais selvagens e aumentou a sensibilização para o Mpox como uma doença zoonótica com potencial pandémico.

2.4 A globalização do Mpox: 2017 a 2020

Nos anos que se seguiram ao surto de 2003, o Mpox permaneceu relativamente contido em África, com casos ocasionais registados noutras partes do mundo. No entanto, a globalização do comércio e das viagens, juntamente com o aumento da invasão humana nos habitats da vida selvagem, preparou o terreno para surtos mais frequentes e generalizados.

Um dos surtos mais notáveis ocorreu na Nigéria em 2017, após quase 40 anos sem casos registados. O surto propagou-se a vários estados da Nigéria e resultou em numerosos casos confirmados e mortes. O reaparecimento do Mpox na Nigéria suscitou preocupações quanto ao potencial de disseminação mais alargada do vírus, sobretudo quando começaram a ser notificados casos em viajantes que regressavam da Nigéria para países como o Reino Unido, Israel e Singapura.

Estes casos importados realçaram o potencial de propagação do Mpox através de viagens internacionais e sublinharam a necessidade de reforçar a vigilância e a preparação em países fora de África. Os surtos também demonstraram que o Mpox já não estava confinado a áreas rurais remotas, mas estava a ser cada vez mais notificado em centros urbanos, aumentando o risco de surtos de maior escala.

2.5 O surto global de 2022-2023

O surto global de Mpox de 2022-2023 representou um ponto de viragem na história da doença. Ao contrário dos surtos anteriores, que estavam em grande parte confinados a África e ligados ao contacto direto com animais, este surto espalhou-se rapidamente por vários continentes, com grupos significativos de casos na Europa, nas Américas e na Ásia.

O surto foi caracterizado por um elevado número de casos entre homens que fazem sexo com homens (HSH), particularmente nos centros urbanos. Este padrão de transmissão, diferente dos surtos anteriores, suscitou preocupações quanto à transmissão sexual do vírus, levando as autoridades de saúde pública a adaptar as suas estratégias de resposta.

A resposta global ao surto de 2022-2023 foi moldada pelas lições aprendidas com a pandemia de COVID-19. As autoridades de saúde pública implementaram medidas como o rastreio de contactos, o isolamento de indivíduos infectados e campanhas de vacinação utilizando a vacina contra a varíola, que proporciona proteção cruzada contra o Mpox. Estes esforços ajudaram a conter o surto, embora continuassem a existir desafios para garantir um acesso equitativo às vacinas e a outras intervenções, em especial nos países de baixo e médio rendimento.

O surto também pôs em evidência a importância da cooperação internacional na resposta às doenças zoonóticas. A Organização Mundial da Saúde (OMS) e outros organismos de saúde mundiais desempenharam um papel crucial na coordenação da resposta e na prestação de orientações aos países afetados. A experiência do surto de 2022-2023 sublinhou a necessidade de vigilância e preparação contínuas para prevenir futuros surtos.

2.6 O surto de 2024 e mais além

O surto de Mpox de 2024, que se seguiu de perto ao surto de 2022-2023, cimentou ainda mais o estatuto da doença como uma ameaça à saúde pública mundial. Este surto foi notável pela sua rápida propagação e pelo número significativo de casos notificados fora de África, particularmente em regiões que anteriormente tinham registado poucos ou nenhuns casos de Mpox.

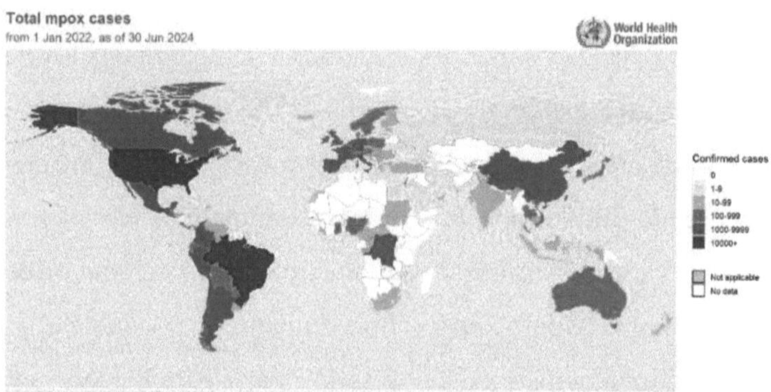

Figura 4: Distribuição geográfica dos casos confirmados de varíola notificados ou identificados pela OMS a partir de fontes públicas oficiais, de 1 de janeiro de 2022 a 30 de junho de 2024 (Fonte OMS)

O surto de 2024 suscitou novas preocupações quanto à capacidade de adaptação e propagação do vírus em diversas populações e ambientes. Os sistemas de saúde pública foram mais uma vez postos à prova, com muitos países a lutarem para conter o vírus e impedir a sua transmissão. O surto também chamou novamente a atenção para o papel da transmissão sexual na propagação do Mpox, com campanhas de saúde pública cada vez mais centradas na sensibilização e na promoção de práticas seguras nas comunidades afectadas.

No momento da redação deste livro, o Mpox continua a ser um desafio significativo para a saúde mundial. A investigação em curso centra-se na compreensão da evolução do vírus, na melhoria das opções de diagnóstico e tratamento e no desenvolvimento de vacinas mais eficazes. A história do Mpox serve para recordar a natureza imprevisível das doenças zoonóticas e a importância do investimento sustentado em infra-estruturas de saúde pública, investigação e cooperação global para prevenir e responder a futuros surtos.

2.7 Lições aprendidas e direcções futuras

A história do Mpox oferece lições valiosas para o futuro. Entre elas, destaca-se a importância da deteção precoce e da resposta rápida às doenças infecciosas emergentes. A capacidade de identificar e conter rapidamente os surtos, especialmente no contexto das viagens e do comércio a nível mundial, é essencial para evitar uma transmissão generalizada.

Outra lição crítica é a necessidade de uma abordagem "Uma Só Saúde" que reconheça a interconexão da saúde humana, animal e ambiental. O Mpox, tal como outras doenças zoonóticas, é um produto destas interações complexas e a sua abordagem exige a colaboração entre disciplinas e sectores.

Olhando para o futuro, a comunidade global deve manter-se vigilante na monitorização do Mpox e de outras doenças zoonóticas. O investimento contínuo na investigação, nas infra-estruturas de saúde pública e na cooperação internacional será crucial para prevenir futuros surtos e proteger a saúde mundial.

Capítulo 3: Epidemiologia do Mpox

3.1 Surtos históricos

O Mpox tem registado uma série de surtos significativos desde que o primeiro caso humano foi identificado em 1970 na República Democrática do Congo (RDC). Inicialmente considerada uma doença regional limitada à África Central e Ocidental, o perfil epidemiológico do Mpox mudou drasticamente ao longo do tempo, culminando em surtos globais recentes que sublinham o seu potencial como ameaça à saúde pública.

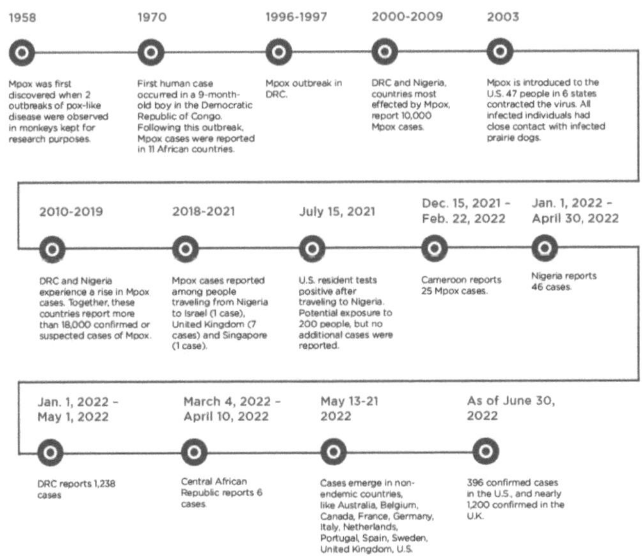

Figura 5: Cronologia histórica da Mpox (Fonte: ASM)

3.1.1 Primeiros surtos em África (décadas de 1970 a 1980)

Os primeiros surtos de Mpox estavam localizados principalmente em áreas rurais da RDC, Libéria, Serra Leoa e República Centro-Africana. Estes primeiros casos estavam geralmente ligados ao contacto direto com animais selvagens, particularmente roedores e primatas não humanos. A transmissão entre humanos foi pouco frequente, com casos frequentemente confinados a populações pequenas e isoladas. As taxas de mortalidade variavam entre 1% e 10%, sendo as crianças as mais afectadas. Estes surtos forneceram os primeiros dados epidemiológicos sobre o Mpox, levando à identificação das principais vias de transmissão zoonótica do vírus.

3.1.2 Surto nos Estados Unidos em 2003

Em 2003, o Mpox fez a sua primeira aparição notável fora de África através de um surto nos Estados Unidos. Este evento esteve ligado à importação de roedores africanos infectados, que posteriormente infectaram cães da pradaria de estimação. O surto registou 47 casos confirmados e prováveis em seis estados, chamando a atenção para os riscos associados ao comércio global de animais selvagens. Felizmente, não houve vítimas mortais e o surto foi rapidamente contido através de medidas de saúde pública, incluindo quarentena e vacinação.

3.1.3 A reemergência da Nigéria (2017)

O Mpox reapareceu na Nigéria em 2017, após décadas sem casos registados. Este surto foi notável por se propagar para além das zonas rurais e afetar as populações urbanas. Foram notificados mais de 200 casos e o vírus mostrou capacidade de se propagar dentro dos agregados familiares, o que indica uma mudança na dinâmica de transmissão. Este surto realçou a importância da vigilância e da preparação para a saúde pública, mesmo em regiões não endémicas.

3.1.4 Propagação global (2022-2023)

O surto de 2022-2023 marcou um momento crucial na história epidemiológica do Mpox. Ao contrário dos surtos anteriores, que foram principalmente contidos em África, este espalhou-se por mais de 80 países a nível mundial. Foram observados grupos significativos na Europa e na América do Norte, particularmente na comunidade de HSH, indicando a transmissão entre humanos através de contacto próximo. Com mais de 30 000 casos confirmados, o surto sublinhou a necessidade de intervenções sólidas a nível mundial, incluindo campanhas de vacinação e de saúde pública.

3.1.5 Surto de 2024

O surto de 2024 reforçou ainda mais a ameaça global do Mpox, afectando tanto as populações urbanas como as rurais. A propagação evidenciou novas vias de transmissão, como a transmissão sexual, e revelou focos emergentes em regiões anteriormente intocadas pelo vírus. Este surto realçou a necessidade crítica de uma vigilância global sustentada e de melhorias nas infra-estruturas de cuidados de saúde para gerir ocorrências futuras.

3.2 Distribuição geográfica

Historicamente, o Mpox era endémico na África Central e Ocidental, sendo a RDC a mais afetada. No entanto, surtos recentes mostraram que o vírus já não está confinado a estas regiões.

3.2.1 Regiões endémicas

A RDC e os países vizinhos da África Central e Ocidental continuam a ser focos de Mpox, com a vida selvagem endémica a servir de reservatório para o vírus. No entanto, o surto de 2017 na Nigéria destacou a África Ocidental como outra região de preocupação.

3.2.2 Pontos de acesso emergentes

Os surtos de 2022-2023 e 2024 introduziram novas regiões no mapa do Mpox, particularmente na Europa e na América do Norte. Países como o Reino Unido, a Espanha e os EUA registaram um número significativo de casos, demonstrando a capacidade do vírus para se propagar em áreas não endémicas, particularmente no seio de populações urbanas densas.

3.3 Factores de risco

Compreender os factores de risco para a transmissão do Mpox é essencial para mitigar futuros surtos.

3.3.1 Contacto com a vida selvagem

O contacto direto com animais infectados, particularmente roedores e primatas não humanos, continua a ser o principal fator de risco para a varíola. A caça, a manipulação e o consumo de carne de animais selvagens em regiões endémicas aumentam a probabilidade de transmissão zoonótica. A desflorestação e a destruição do habitat também aumentam as interações entre o homem e a vida selvagem, facilitando os eventos de alastramento.

3.3.2 Comportamentos humanos

A transmissão entre humanos tornou-se mais proeminente em surtos recentes, especialmente em contextos de cuidados de saúde e em comunidades muito unidas. O surto de 2022-2023 revelou o potencial de transmissão sexual, particularmente entre as populações de HSH, sublinhando a necessidade de intervenções de saúde pública direcionadas.

3.3.3 Infra-estruturas de saúde pública

A eficácia das respostas de saúde pública influencia significativamente a propagação do Mpox. As regiões com infra-estruturas de cuidados de saúde limitadas, especialmente na África rural, enfrentam desafios na deteção e contenção de surtos. Os recentes surtos mundiais também expuseram lacunas na cobertura das vacinas e no acesso aos cuidados de saúde, em especial nos países de baixo e médio rendimento.

Capítulo 4: Manifestações clínicas e diagnóstico

4.1 Sintomas da Mpox

A Mpox manifesta-se com uma série de sintomas clínicos que podem variar significativamente entre animais e seres humanos. A compreensão destes sintomas é fundamental para a deteção precoce e a gestão eficaz da doença.

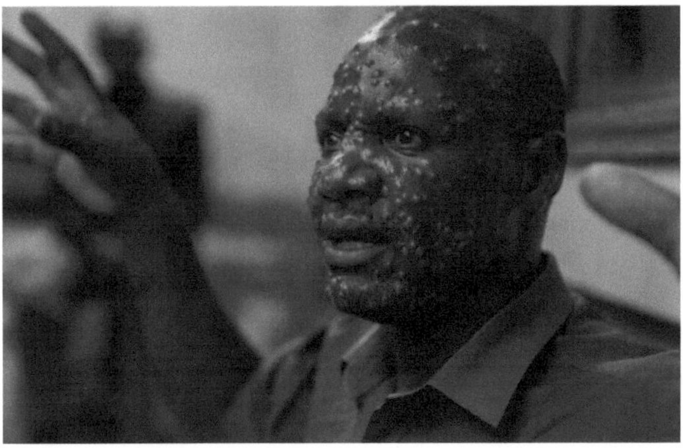

Figura 6 : Jean Kakuru Biyambo, 48 anos, do campo de deslocados internos de Muja, gesticula à porta do seu quarto no Hospital Geral de Goma, onde tem estado a receber tratamento contra a varíola, Goma, Congo, 16 de julho de 2024. (Foto Reuters)

4.1.1 Apresentação clínica em seres humanos

Nos seres humanos, a Mpox começa normalmente com sintomas não específicos que se assemelham aos de muitas outras infecções virais.

O período de incubação varia geralmente entre 5 e 21 dias, após os quais podem aparecer os seguintes sintomas:

- **Fase prodrómica:** Os sintomas iniciais incluem febre, dor de cabeça intensa, dores musculares (mialgia), dores nas costas e fadiga profunda. A linfadenopatia (gânglios linfáticos inchados) é uma caraterística chave que a distingue de outras doenças semelhantes à varíola, como a varíola. Esta fase dura cerca de 1-5 dias antes do aparecimento da erupção cutânea.
- **Evolução da erupção cutânea:** A erupção cutânea é o sinal mais caraterístico da Mpox, surgindo geralmente 1-3 dias após o início da febre. Começa normalmente na face e espalha-se para outras partes do corpo, incluindo as palmas das mãos, plantas dos pés e membranas mucosas. A erupção cutânea progride através de diferentes fases: máculas (lesões planas), pápulas (lesões elevadas), vesículas (bolhas cheias de líquido), pústulas (lesões cheias de pus) e crostas. As lesões podem ser dolorosas e podem variar em número, tornando-se por vezes generalizadas.

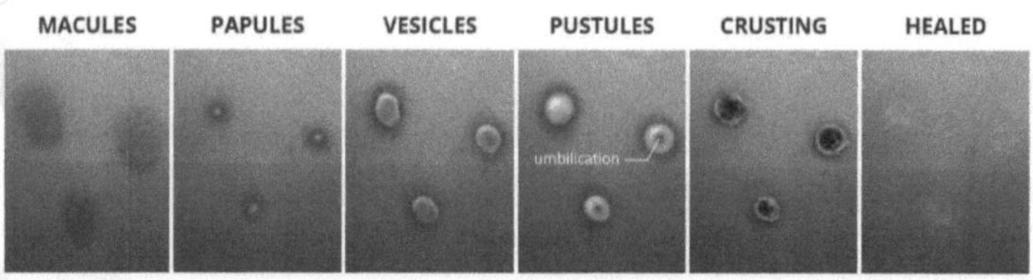

Figura 7: Lesões cutâneas do Mpox: Descrição e Progressão (Fonte: Currículo Nacional de DST)

- **Outros sintomas:** Os doentes podem também sentir dores de garganta, tosse e, em casos graves, dificuldades respiratórias. Podem também ocorrer sintomas gastrointestinais, como náuseas, vómitos e diarreia. Em alguns casos, particularmente em indivíduos imunocomprometidos, o Mpox pode levar a complicações graves, incluindo infecções bacterianas secundárias, pneumonia, sépsis e encefalite.

4.1.2 Apresentação clínica em animais

A varíola afecta principalmente primatas não humanos e roedores em estado selvagem. Os sinais clínicos nos animais variam consoante a espécie e a gravidade da infeção:

- **Primatas não humanos:** Os primatas infectados podem apresentar febre, letargia e uma erupção cutânea generalizada semelhante à observada nos seres humanos. Em casos graves, os animais podem sofrer de dificuldades respiratórias, perda de peso e morte. As lesões são frequentemente observadas na face, mãos e pés.
- **Roedores:** Os roedores, em particular os esquilos e as ratazanas, servem de reservatórios naturais do vírus. Os animais infectados podem apresentar sinais de doença respiratória, como tosse e corrimento nasal, bem como uma erupção cutânea. Nalguns casos, os roedores podem morrer subitamente sem apresentarem sinais clínicos evidentes.

A compreensão destas manifestações clínicas é essencial para os veterinários e profissionais da vida selvagem na identificação de potenciais casos de Mpox em animais.

4.2 Métodos de diagnóstico

O diagnóstico preciso e atempado do Mpox é crucial para a gestão e o controlo eficazes da doença. São utilizados vários instrumentos e técnicas de diagnóstico para confirmar a presença do vírus, consoante os recursos disponíveis e a fase da doença.

4.2.1 Diagnóstico clínico

- **Diagnóstico baseado nos sintomas:** Em regiões com acesso limitado a instalações laboratoriais avançadas, o diagnóstico da varíola é frequentemente baseado na apresentação clínica. A presença de uma erupção cutânea caraterística, particularmente em indivíduos com uma história de contacto com animais selvagens ou outros indivíduos infectados, levanta a suspeita de Mpox.
- **Diagnóstico diferencial:** Os médicos devem distinguir a varíola de outras doenças que causam erupções cutâneas, como a varíola, a varicela e o sarampo. A linfadenopatia é uma caraterística chave que diferencia a varíola da varíola, enquanto o padrão de distribuição e progressão da lesão pode ajudar a distingui-la da varicela.

4.2.2 Diagnóstico laboratorial

- **Reação em cadeia da polimerase (PCR):** A PCR é o padrão de ouro para o diagnóstico do Mpox. Detecta o ADN viral em amostras clínicas, tais como lesões cutâneas, sangue ou esfregaços de garganta. Este método é altamente sensível e específico, permitindo a confirmação do vírus mesmo nas fases iniciais da infeção.
- **Testes serológicos:** A serologia pode detetar anticorpos contra o vírus Mpox, indicando uma infeção passada ou recente. No entanto, este método é menos utilizado para o diagnóstico agudo, uma vez que os anticorpos podem não estar presentes nas fases iniciais da doença.
- **Microscopia eletrónica:** Esta técnica pode visualizar o vírus diretamente a partir de amostras clínicas, embora exija equipamento e conhecimentos especializados. É utilizada principalmente em laboratórios de investigação ou de alta contenção.
- **Cultura viral:** Embora raramente seja efectuada devido aos elevados requisitos de biossegurança, a cultura viral pode confirmar a presença do vírus Mpox através do seu cultivo em linhas celulares. Este método é utilizado principalmente em ambientes de investigação.

4.2.3 Testes de diagnóstico rápido

- **Testes no local de tratamento:** Avanços recentes levaram ao desenvolvimento de testes de diagnóstico rápido (RDTs) que podem ser utilizados no terreno. Estes testes fornecem resultados em poucos minutos e são particularmente úteis em situações de surto em que é necessário um diagnóstico imediato para iniciar medidas de controlo.

4.3 Estudos de caso

Os estudos de casos reais fornecem informações valiosas sobre os diversos cenários clínicos que podem ocorrer com o Mpox. Os exemplos seguintes destacam diferentes aspectos da manifestação da doença e dos desafios de diagnóstico:

4.3.1 Estudo de caso 1: Caso humano na África Central

Um rapaz de 12 anos de uma aldeia rural da República Democrática do Congo apresentou-se com febre, dores de cabeça e gânglios linfáticos inchados. Em poucos dias, desenvolveu uma erupção cutânea que começou no rosto e se espalhou por todo o corpo. A família do rapaz informou que ele tinha andado a caçar pequenos mamíferos na floresta. Um teste PCR confirmou o Mpox, e o rapaz foi tratado com cuidados de apoio, acabando por recuperar após várias semanas. Este caso sublinha a importância de considerar o Mpox em doentes com antecedentes de exposição a animais selvagens em regiões endémicas.

4.3.2 Estudo de caso 2: Transmissão de pessoa para pessoa nos Estados Unidos

Durante o surto de 2022, um homem de 35 anos nos Estados Unidos desenvolveu febre e erupção cutânea depois de participar num grande evento social. Não tinha antecedentes de viagens a regiões endémicas ou de contacto com animais. O seu estado de saúde agravou-se e foi hospitalizado com dificuldade respiratória. O teste PCR confirmou o Mpox e o rastreio de contactos revelou vários outros casos relacionados com o mesmo evento. Este caso realça o potencial de transmissão entre humanos em áreas não endémicas e a necessidade de intervenções de saúde pública para evitar uma maior propagação.

4.3.3 Estudo de caso 3: Mpox em primatas não humanos

Numa instalação de investigação na Nigéria, vários primatas não humanos desenvolveram uma doença febril com uma erupção cutânea generalizada. Os animais tinham sido recentemente capturados na natureza e suspeitou-se de Mpox. A microscopia eletrónica confirmou a presença do vírus nas lesões cutâneas. Infelizmente, vários primatas sucumbiram à doença. Este caso realça os riscos colocados pela captura e transporte de animais selvagens e a necessidade de medidas de biossegurança rigorosas em ambientes de investigação e de cativeiro.

Capítulo 5: Mpox na interface animal-humano e saúde pública

5.1 Impacto na saúde mundial

O Mpox evoluiu de uma doença zoonótica localizada na África Central e Ocidental para um problema de saúde pública mundial. A capacidade do vírus de atravessar as barreiras das espécies e de se propagar entre os seres humanos tem profundas implicações para os sistemas de saúde pública em todo o mundo.

5.1.1 Encargos para os sistemas de saúde

O aumento do número de casos de varíola tem colocado um fardo significativo nos sistemas de saúde, particularmente nas regiões onde se registam surtos. Durante estes surtos, os hospitais e as clínicas enfrentam frequentemente um aumento de doentes que apresentam sintomas que imitam outras infecções virais, como a varicela ou a varíola. Este facto pode sobrecarregar os recursos de diagnóstico e atrasar o tratamento adequado.

Os encargos com os cuidados de saúde vão para além dos cuidados diretos aos doentes. Os surtos de Mpox requerem um rastreio exaustivo dos contactos, medidas de quarentena e campanhas de saúde pública para informar e proteger o público. Estes esforços exigem recursos humanos e financeiros substanciais, desviando frequentemente a atenção de outras questões críticas de saúde.

O impacto económico do Mpox é também considerável. Os surtos podem perturbar o comércio, o turismo e a indústria agrícola, particularmente em regiões onde a vida selvagem desempenha um papel crucial na economia. A perda de produtividade devido à doença e os custos associados à resposta ao surto agravam ainda mais a pressão económica sobre as comunidades afectadas.

5.2 Estratégias de prevenção e controlo

A prevenção e o controlo eficazes do Mpox requerem uma abordagem multifacetada que incida tanto na saúde humana como na animal. As estratégias devem ser adaptadas aos contextos específicos das diferentes regiões, tendo em conta factores como os recursos disponíveis, as infra-estruturas de cuidados de saúde e as práticas culturais locais.

5.2.1 Vigilância e deteção precoce

A vigilância é a pedra angular da prevenção do Mpox. Sistemas de vigilância robustos podem detetar surtos precocemente, permitindo uma resposta rápida. Isto inclui a monitorização das populações humanas e animais para detetar sinais da doença.

Nas regiões endémicas, os programas de vigilância baseados na comunidade são vitais. A formação dos profissionais de saúde locais e dos membros da comunidade para reconhecerem os sintomas do Mpox pode facilitar a notificação e a contenção precoces. Em regiões não endémicas, o historial de viagens e o rastreio de contactos são componentes cruciais da vigilância, particularmente durante surtos globais.

5.2.2 Quarentena e isolamento

A quarentena e o isolamento são estratégias fundamentais para evitar a propagação do Mpox. Os indivíduos infectados devem ser isolados da população em geral para evitar a transmissão, enquanto as pessoas que estiveram em contacto com casos confirmados devem ser colocadas em quarentena e monitorizadas quanto aos sintomas.

Para serem eficazes, as autoridades de saúde pública devem garantir que as medidas de quarentena são culturalmente adequadas e apoiadas pela comunidade. Isto inclui a prestação de cuidados e apoio adequados às pessoas em isolamento e a resolução de qualquer estigmatização que possa surgir.

5.2.3 Sensibilização e educação do público

Aumentar a consciencialização do público sobre a varíola é essencial para evitar a sua propagação. As campanhas educativas devem centrar-se na promoção de boas práticas de higiene, no reconhecimento dos primeiros sintomas e na redução de comportamentos de risco, como o manuseamento de animais selvagens ou o consumo de carne de animais selvagens.

Nas regiões onde o Mpox é endémico, a educação do público sobre os riscos associados ao contacto com animais selvagens pode ajudar a reduzir a transmissão. Nas regiões não endémicas, as campanhas de sensibilização devem sublinhar a importância de procurar assistência médica em caso de erupções cutâneas ou febre inexplicáveis, sobretudo nos viajantes que regressam das zonas afectadas.

5.3 Esforços de vacinação

A vacinação desempenha um papel crucial na prevenção da varíola, tanto nos seres humanos como nos animais. Historicamente, a vacina contra a varíola tem proporcionado alguma proteção cruzada contra a varíola, mas com o fim das campanhas de vacinação contra a varíola, as populações tornaram-se mais susceptíveis à varíola.

5.3.1 Esforços de vacinação anteriores

A erradicação da varíola em 1980 marcou o fim da vacinação generalizada contra a varíola, que também tinha proporcionado uma proteção indireta contra a varíola. Isto levou a um aumento dos casos de varíola, sobretudo nas regiões endémicas. Alguns países, sobretudo em África, continuaram a utilizar a vacina contra a varíola em resposta a surtos de varíola, mas a cobertura era limitada.

5.3.2 Estratégias actuais de vacinação

Os recentes surtos de Mpox renovaram o interesse na vacinação como medida preventiva. Foram desenvolvidas vacinas mais recentes, como a vacina Vaccinia Ankara modificada (MVA), que estão a ser utilizadas em situações de surto. Estas vacinas são mais seguras do que a vacina tradicional contra a varíola e proporcionam proteção contra o Mpox.

As estratégias de vacinação variam consoante a região e o risco de transmissão. Nas zonas endémicas, as campanhas de vacinação em massa dirigidas a populações de alto risco, como os profissionais de saúde e as pessoas que vivem em contacto próximo com a vida selvagem, são essenciais. Nas regiões não endémicas, os esforços de vacinação centram-se na vacinação em anel, em que os contactos próximos de casos confirmados são imunizados para evitar uma maior propagação.

5.4 Transmissão zoonótica

O Mpox é uma doença zoonótica, ou seja, é transmitida dos animais para os seres humanos. Compreender os mecanismos de transmissão zoonótica é fundamental para controlar a propagação do vírus.

5.4.1 Barreiras de espécies e vias de transmissão

O vírus Mpox pode atravessar as barreiras entre espécies, passando dos animais para os seres humanos através de contacto direto, mordeduras ou consumo de animais infectados. A transmissão entre humanos também pode ocorrer através do contacto próximo com gotículas respiratórias, fluidos corporais ou materiais contaminados.

Os animais selvagens, em particular os roedores e os primatas não humanos, são os principais reservatórios do Mpox. Estes animais albergam o vírus sem apresentarem sintomas graves, permitindo a sua persistência no ambiente. Os seres humanos contraem normalmente o Mpox através da caça, manuseamento ou consumo destes animais, particularmente em regiões onde a carne de animais selvagens é um alimento básico.

5.4.2 Papel da vida selvagem na transmissão

A vida selvagem desempenha um papel significativo na transmissão do Mpox. O vírus foi isolado de várias espécies animais, incluindo esquilos, ratos e macacos. Estes animais actuam como reservatórios, mantendo o vírus na natureza e transmitindo-o ocasionalmente aos seres humanos.

A invasão humana nos habitats da vida selvagem, a desflorestação e a caça e comércio de animais selvagens aumentam o risco de transmissão zoonótica. À medida que os seres humanos entram em contacto mais estreito com a vida selvagem, aumenta a probabilidade de eventos de alastramento do Mpox. Isto realça a importância da conservação da vida selvagem e da proteção dos habitats na prevenção de surtos de Mpox.

5.5 Implicações para a saúde animal

O Mpox não só afecta a saúde humana, como também apresenta riscos significativos para as populações animais e para a indústria pecuária.

5.5.1 Efeitos nas populações animais

Os surtos de Mpox podem devastar as populações de animais selvagens, particularmente primatas e roedores. Os animais infectados podem sofrer de doenças graves, levando ao declínio das populações nas áreas afectadas. Esta situação pode perturbar os ecossistemas e a biodiversidade, uma vez que as espécies que desempenham papéis cruciais nos seus ambientes são dizimadas pelo vírus.

Os esforços de conservação devem ter em conta o impacto do Mpox nas espécies ameaçadas, particularmente em regiões onde a vida selvagem já se encontra ameaçada pela perda de habitat e pela caça furtiva.

5.5.2 Implicações para as indústrias pecuárias

Embora o Mpox afecte principalmente animais selvagens, o potencial de propagação para o gado representa uma ameaça para a agricultura. A capacidade do vírus de infetar uma vasta gama de espécies suscita preocupações quanto ao seu impacto nos animais domésticos, particularmente em regiões onde o gado e a vida selvagem interagem.

Os surtos em animais podem levar a perdas económicas significativas, particularmente em países de baixo e médio rendimento, onde a agricultura é uma importante fonte de subsistência. A proteção dos animais contra o Mpox exige uma monitorização vigilante e medidas de biossegurança para evitar a introdução do vírus nas explorações agrícolas.

Capítulo 6: Transmissão sexual do Mpox

O Mpox, tradicionalmente conhecido pelas suas vias de transmissão zoonóticas, ganhou uma atenção significativa nos últimos anos devido à evidência emergente de transmissão sexual, particularmente em populações específicas. Este capítulo analisa as complexidades da transmissão sexual, as populações de maior risco e as implicações desta via de transmissão para a saúde pública.

6.1 Introdução à transmissão sexual no Mpox

O vírus Mpox, transmitido principalmente através do contacto próximo com animais ou seres humanos infectados, foi recentemente observado a propagar-se através do contacto sexual, particularmente entre homens que têm sexo com homens (HSH). Este modo de transmissão, embora não seja inteiramente novo no contexto das doenças virais, acrescenta uma camada de complexidade à compreensão e ao tratamento do Mpox.

Historicamente, a Mpox era considerada uma doença zoonótica, transmitida principalmente através do contacto com animais infectados, os seus fluidos corporais ou materiais contaminados. A transmissão entre humanos era frequentemente limitada ao contacto próximo com secreções respiratórias, lesões cutâneas ou objectos contaminados. No entanto, surtos recentes, em particular o de 2024, puseram em evidência o papel do contacto sexual na propagação do vírus.

6.2 O papel da transmissão sexual no surto de 2024

O surto de 2024 registou um aumento acentuado de casos entre as populações de HSH. Dados epidemiológicos de vários países revelaram que uma proporção significativa de novas infecções estava ligada a redes sexuais dentro desta comunidade. O vírus foi detectado no sémen, nas secreções genitais e nas zaragatoas rectais, o que sugere que os fluidos sexuais e as superfícies mucosas podem desempenhar um papel fundamental no processo de transmissão.

Estudo de caso: O surto de 2024 em **Londres** Em Londres, um dos epicentros do surto de 2024, mais de 80% dos casos notificados ocorreram entre HSH. Muitos destes casos estavam ligados a grandes reuniões e eventos onde o contacto sexual era predominante. O surto levou as autoridades de saúde pública a emitir avisos específicos e a implementar medidas de prevenção específicas, como o incentivo ao uso de preservativos e a redução do número de parceiros sexuais.

6.3 Compreender os mecanismos de transmissão sexual

Embora os mecanismos exactos de transmissão sexual ainda estejam a ser estudados, acredita-se que o Mpox pode ser transmitido através do contacto direto com lesões infecciosas durante a atividade sexual. Além disso, a presença do vírus nas secreções genitais sugere que pode ser transmitido através de fluidos trocados durante a relação sexual.

Vias de transmissão:

- **Lesões e contacto pele a pele**: As lesões da varíola, que podem aparecer nos órgãos genitais, no ânus ou na boca, são altamente contagiosas. Durante a atividade sexual, o contacto direto com estas lesões pode levar à transmissão.
- **Fluidos sexuais**: A deteção do vírus no sémen e nas secreções vaginais indica que o Mpox pode ser transmitido através destes fluidos, mesmo na ausência de lesões visíveis.
- **Superfícies mucosas**: As superfícies mucosas dos órgãos genitais e do reto são particularmente vulneráveis à infeção devido à sua permeabilidade, tornando-as pontos de entrada chave para o vírus durante o contacto sexual.

6.4 Populações de risco: HSH e não só

A transmissão sexual do Mpox afectou de forma desproporcionada a população de HSH. Esta comunidade tem registado taxas de infeção mais elevadas devido às redes sexuais interligadas e à maior probabilidade de ter múltiplos parceiros. No entanto, é importante reconhecer que outras populações envolvidas em comportamentos sexuais de alto risco também são vulneráveis.

Factores que contribuem para o aumento do risco:

- **Parceiros sexuais múltiplos**: As pessoas com múltiplos parceiros sexuais correm um maior risco de encontrar um parceiro infetado.
- **Encontros sexuais anónimos**: Participar em actividades sexuais com parceiros desconhecidos, especialmente em locais como clubes ou grandes ajuntamentos, pode aumentar o risco de exposição.
- **Falta de sensibilização**: As ideias erradas sobre o facto de o Mpox ser apenas uma doença zoonótica levaram a uma falta de medidas preventivas na comunidade de HSH, contribuindo para a propagação do vírus.

6.5 Mensagens e intervenções de saúde pública

O reconhecimento da transmissão sexual levou as autoridades de saúde pública a desenvolver mensagens e intervenções específicas. Estes esforços são cruciais para controlar a propagação do vírus, especialmente nas populações de risco.

Principais estratégias de saúde pública:

- **Campanhas de sensibilização**: Campanhas personalizadas que se centram na comunidade de HSH, promovendo práticas sexuais seguras e salientando os riscos de transmissão do Mpox.
- **Testes e rastreio**: Incentivar a realização regular de testes para o Mpox, especialmente para indivíduos com múltiplos

parceiros ou que se envolvam em actividades sexuais de alto risco.

- **Diretrizes de prevenção**: Emitir orientações sobre a utilização de preservativos, reduzir o número de parceiros sexuais e evitar o contacto sexual se estiverem presentes sintomas de Mpox (por exemplo, lesões, febre).
- **Campanhas de vacinação**: Aproveitar a vacinação como medida preventiva, especialmente para os grupos de alto risco. Garantir a disponibilidade e o acesso à vacina é fundamental para travar a transmissão.

6.6 As dimensões sociais e éticas da transmissão sexual

A identificação da transmissão sexual no Mpox suscitou importantes debates em torno do estigma, da discriminação e de considerações éticas. É essencial que as mensagens de saúde pública sejam tratadas com sensibilidade para evitar uma maior marginalização das comunidades afectadas.

Desafios e considerações:

- **Estigma e discriminação**: O enfoque na comunidade de HSH levou a um aumento do estigma e da discriminação, o que pode dissuadir os indivíduos de procurarem testes ou tratamento. É vital que os esforços de saúde pública enfatizem a inclusão e reduzam o estigma.

- **Comunicação ética**: Garantir que as estratégias de comunicação são respeitosas, exactas e não contribuem para o medo ou a desinformação é fundamental para manter a confiança e a cooperação do público.
- **Equilíbrio entre privacidade e saúde pública**: Os responsáveis pela saúde pública devem equilibrar a necessidade de rastreio e vigilância dos contactos com os direitos de privacidade dos indivíduos. Garantir a confidencialidade dos testes e dos relatórios é crucial para incentivar a participação nos esforços de prevenção.

6.7 Estudos de caso e análise de dados

Para proporcionar uma compreensão abrangente, esta secção incluirá estudos de casos pormenorizados e análises de dados de várias regiões afectadas pela transmissão sexual do Mpox.

Exemplo de estudo de caso: Cidade de Nova Iorque 2024 Na cidade de Nova Iorque, uma análise detalhada dos casos de Mpox revelou que a maioria das novas infecções estava ligada ao contacto sexual entre HSH. As autoridades de saúde pública responderam com a criação de clínicas especializadas que ofereciam testes, aconselhamento e vacinação. Estas intervenções, associadas a campanhas generalizadas nos meios de comunicação social, ajudaram a reduzir significativamente a taxa de transmissão em poucos meses.

Análise de dados: Padrões globais Esta secção incluirá a análise estatística de casos de transmissão sexual de várias regiões, identificando padrões, factores de risco e estratégias de intervenção bem sucedidas.

6.8 Conclusão e direcções futuras

O aparecimento da transmissão sexual como uma via significativa para a propagação do Mpox reformulou a compreensão da doença e as suas implicações para a saúde pública. No futuro, é essencial continuar a investigação sobre os mecanismos de transmissão, melhorar as mensagens de saúde pública e desenvolver intervenções que sejam simultaneamente eficazes e inclusivas.

Principais conclusões:

- **Abordagens abrangentes**: A abordagem da transmissão sexual requer uma abordagem multifacetada que inclua educação, prevenção e tratamento.
- **Investigação em curso**: A investigação contínua sobre a transmissão sexual do Mpox fornecerá informações valiosas para a gestão de futuros surtos e para o desenvolvimento de vacinas.
- **Cooperação global**: A colaboração entre governos, prestadores de cuidados de saúde e comunidades é essencial para controlar a propagação do Mpox e atenuar o seu impacto nas populações vulneráveis.

Capítulo 7: Mpox na era da COVID-19

A pandemia de COVID-19 remodelou profundamente o panorama da saúde mundial, influenciando a forma como compreendemos e respondemos às doenças infecciosas, incluindo o Mpox. Este capítulo examina a relação entre o Mpox e a COVID-19, estabelecendo comparações, explorando as lições aprendidas e investigando o potencial para cenários de co-infeção.

7.1 Comparação com a COVID-19

7.1.1 Dinâmica da transmissão

Varíola: O Mpox propaga-se principalmente através do contacto direto com animais infectados, como roedores e primatas não humanos, e também pode ser transmitido entre humanos através do contacto próximo com fluidos corporais, gotículas respiratórias e materiais contaminados. O vírus tem um número de reprodução (R0) relativamente baixo, o que significa que se propaga de forma menos eficiente do que os vírus altamente contagiosos. O Mpox tem tipicamente um período de incubação mais longo (5-21 dias), e os sintomas aparecem normalmente 1-3 dias após o início da febre.

COVID-19: O SARS-CoV-2, o vírus responsável pela COVID-19, propaga-se principalmente através de gotículas respiratórias e aerossóis. Tem um R0 mais elevado do que o Mpox, o que o torna mais contagioso. A COVID-19 pode ser transmitida por indivíduos assintomáticos, o que contribui para a sua rápida propagação a nível mundial. O período de incubação da COVID-19 é geralmente mais curto (2-14 dias), e o vírus pode propagar-se mesmo antes do aparecimento dos sintomas.

7.1.2 Resposta da saúde pública

Mpox: A resposta aos surtos de Mpox tem tradicionalmente envolvido medidas localizadas, tais como quarentena, isolamento e campanhas de vacinação dirigidas a populações específicas. Os esforços de saúde pública concentram-se frequentemente na vigilância das regiões afectadas e na educação das comunidades sobre os riscos do contacto com animais selvagens. Os surtos de varíola são normalmente geridos dentro das comunidades afectadas e não requerem intervenções internacionais em grande escala.

COVID-19: A resposta à COVID-19 tem sido sem precedentes na sua escala e complexidade. As medidas incluíram confinamentos globais, distanciamento social, testes generalizados, rastreio de contactos e campanhas de vacinação. A pandemia motivou a colaboração internacional e o rápido desenvolvimento e distribuição de vacinas. As respostas da saúde pública à COVID-19 também enfatizaram a importância da comunicação sobre saúde e a necessidade de esforços coordenados além-fronteiras.

7.1.3 Impacto social

Mpox: O impacto social do Mpox tem sido relativamente contido em comparação com a COVID-19. Embora os surtos de Mpox possam perturbar as comunidades locais e os sistemas de saúde, não conduzem geralmente a perturbações económicas e sociais generalizadas. O impacto é mais acentuado em regiões com surtos em curso e pode afetar as economias locais, em especial as que dependem da vida selvagem.

COVID-19: O impacto social da COVID-19 tem sido profundo e de grande alcance. A pandemia perturbou as economias mundiais, provocou uma perda significativa de vidas e afectou quase todos os aspectos da vida quotidiana. As consequências económicas incluíram perdas de emprego, alterações nos padrões de trabalho e perturbações na educação e nos serviços sociais. A pandemia também pôs em evidência as disparidades no acesso aos cuidados de saúde e a importância de respostas de saúde equitativas.

7.2 Lições aprendidas

A pandemia de COVID-19 proporcionou várias lições valiosas que podem ser aplicadas à gestão do Mpox e de outras doenças zoonóticas emergentes:

7.2.1 Importância da deteção precoce e da vigilância

A pandemia de COVID-19 veio sublinhar a importância de sistemas de vigilância sólidos para a deteção precoce de surtos. Uma vigilância eficaz pode ajudar a identificar rapidamente novos casos, acompanhar a propagação da doença e aplicar prontamente medidas de controlo. No caso do Mpox, o reforço da vigilância nas populações animal e humana pode melhorar a deteção precoce de casos e evitar surtos maiores.

7.2.2 O papel da resposta rápida e da flexibilidade

A COVID-19 demonstrou a necessidade de uma resposta flexível e adaptável às doenças emergentes. As medidas de saúde pública devem ser capazes de se ajustar rapidamente em resposta a novas informações sobre o vírus e a sua propagação. No caso do Mpox, isto significa estar preparado para aumentar os esforços de resposta, incluindo a vacinação e o tratamento, conforme necessário, e adaptar as estratégias com base na evolução da situação epidemiológica.

7.2.3 A necessidade de colaboração global

A pandemia pôs em evidência a importância da colaboração internacional e da partilha de recursos e informações. Os esforços globais para desenvolver e distribuir vacinas, partilhar dados sobre variantes do vírus e coordenar estratégias de resposta foram cruciais para gerir a COVID-19. Do mesmo modo, a luta contra o Mpox e outras doenças zoonóticas emergentes exige uma cooperação mundial, nomeadamente em domínios como a investigação, o desenvolvimento de vacinas e a coordenação da resposta.

7.2.4 Melhorar a comunicação com o público

Uma comunicação eficaz é vital durante um surto. A COVID-19 revelou os desafios e a importância de uma informação transparente, exacta e atempada. As autoridades de saúde pública devem fornecer orientações claras sobre medidas preventivas, sintomas e opções de tratamento. No caso do Mpox, melhorar a sensibilização e a educação do público pode ajudar a reduzir a propagação da doença e apoiar os esforços de resposta ao surto.

7.3 Potenciais cenários de co-infeção

A co-infeção com Mpox e outros vírus, como o SARS-CoV-2, apresenta desafios adicionais para o diagnóstico e tratamento.

7.3.1 Implicações clínicas

A co-infeção com o Mpox e o SARS-CoV-2 pode complicar as apresentações clínicas. Ambos os vírus podem causar sintomas semelhantes, tais como febre e erupção cutânea, tornando o diagnóstico diferencial mais difícil. Os doentes co-infectados podem apresentar sintomas ou complicações mais graves devido aos efeitos combinados dos vírus no sistema imunitário. Um diagnóstico exato e atempado é essencial para gerir estes casos de forma eficaz.

7.3.2 Impacto na resposta da saúde pública

Os cenários de co-infeção podem sobrecarregar os sistemas de saúde, sobretudo se ocorrerem durante surtos em grande escala. A gestão de doentes co-infectados requer cuidados coordenados e pode necessitar de ajustamentos aos protocolos de tratamento e às medidas de saúde pública. O reforço das capacidades de diagnóstico e as estratégias de resposta integradas são cruciais para enfrentar as complexidades da co-infeção.

7.3.3 Investigação e preparação

A investigação de cenários de co-infeção é essencial para compreender as interações entre diferentes agentes patogénicos e o seu impacto nos resultados da doença. A preparação para potenciais co-infecções envolve o desenvolvimento de testes de diagnóstico que possam identificar vários agentes patogénicos em simultâneo e garantir que os sistemas de saúde estão equipados para lidar com casos complexos.

Capítulo 8: Vacina contra o Mpox

8.1 Antecedentes da vacina contra a varíola do macaco

Historicamente, as vacinas contra a varíola têm desempenhado um papel fundamental na prevenção de doenças causadas por ortopoxvírus. Os Estados Unidos utilizaram dois tipos principais de vacinas contra a varíola até 1980: Dryvax, uma vacina liofilizada administrada por escarificação, e uma vacina líquida (vaccinia immune globulin intravenous, VIGIV) administrada por injeção intramuscular. Após o fim da produção da Dryvax, foi introduzida a vacina ACAM2000. A ACAM2000 foi concebida com caraterísticas semelhantes às da Dryvax, mas com variações no número de passagens virais e ausência de adjuvantes, estabilizadores ou conservantes. Está disponível sob a forma de pellets liofilizados e tem sido utilizada como alternativa em campanhas de vacinação contra a varíola.

No contexto da varíola dos macacos, são aplicados os princípios da vacinação contra a varíola, dadas as semelhanças genéticas e clínicas entre os dois vírus. A vacinação continua a ser uma estratégia fundamental para a prevenção da varíola dos macacos, particularmente em populações de maior risco, como as que trabalham com primatas não humanos ou em áreas onde a doença é endémica. O desenvolvimento e a aplicação de vacinas especificamente destinadas à varíola dos macacos são fundamentais para controlar e atenuar os surtos, especialmente tendo em conta o contexto histórico e os riscos actuais associados aos ortopoxvírus.

8.2 Importância do desenvolvimento de uma vacina contra a varíola do macaco

A varíola dos macacos representa um risco profissional para quem trabalha com primatas não humanos e, à medida que aumenta a investigação que envolve estes animais, aumenta também o potencial de transmissão mais alargada. O primeiro surto humano de varíola do macaco fora de África ocorreu nos Estados Unidos, e o relatório de Gisela Weyer de 2018 destacou um surto notável no Reino Unido. Embora os casos de varíola do macaco em países não endémicos sejam raros e estejam normalmente ligados à exposição a animais ou materiais infectados, a raridade e a utilização limitada de novas vacinas complicam a avaliação dos seus benefícios a longo prazo.

A necessidade de profissionais de saúde eficientes e de estratégias de vacinação robustas é mais crítica do que nunca, dadas as taxas significativas de morbilidade e mortalidade do vírus. Recomenda-se a vacinação contra a varíola no prazo de cinco dias após a exposição, mas esta abordagem tem potenciais efeitos secundários graves e disponibilidade limitada. A investigação indica que um modelo de dose de 1,2 SIR pode proporcionar imunidade suficiente contra os ortopoxvírus, mas são necessários mais ensaios clínicos para determinar a eficácia das vacinas contra a varíola em comparação com as vacinas contra a varíola. O desenvolvimento de uma vacina segura e eficaz contra a varíola dos macacos continua a ser crucial, com potenciais implicações para os membros da NATO e não só.

8.3 Vacinas disponíveis para o Mpox

Atualmente, os Estados Unidos dispõem de duas vacinas contra a varíola: JYNNEOS™ e ACAM2000. Ambas são recomendadas para indivíduos em risco de exposição ao Ortopoxvírus, tais como trabalhadores de laboratórios e de cuidados de saúde.

8.3.1 Vacina JYNNEOS

JYNNEOS™ é uma vacina de vírus vivo não replicante baseada na estirpe vaccinia Ankara modificada (MVA). Aprovada pela FDA dos EUA em 2019, oferece cerca de 85% de proteção contra a varíola dos macacos. Administrada em duas doses de 0,5 ml, com um intervalo de quatro semanas, a JYNNEOS™ é administrada por via subcutânea. Fabricado pela Bavarian Nordic e disponível em diferentes nomes regionais (Imvanex na UE, Imvamune no Canadá), demonstrou eficácia e segurança em ensaios clínicos.

Quadro 1: O desenvolvimento das vacinas contra a varíola.

Natureza da vacina	Geração	Nome **comercial da vacina**	**Estirpe**
Vacina viva do vírus da vaccinia (não atenuado)	Primeira geração	Dryvax	NYCBH
		Lister	Lister
		Tiantan	Tiantan
	Segunda geração	ACAM2000	NYCBH
		Elstree-BN	Lister
		CJ-50300	NYCBH
Vírus vivo atenuado da vaccinia	Terceira geração	MVA	Ankara
		LC16m8	Lister
		NYVAC	Copenhaga
		dVV-L	NYCBH

8.3.2 Vacina ACAM2000

O ACAM2000, produzido com uma estirpe de vírus vivo da vaccinia do New York City Board of Health, é administrado através da técnica da agulha bifurcada. Desenvolvida pela Emergent BioSolutions e aprovada pela FDA dos EUA em 2007, inclui albumina de soro humano e outros componentes. Esta vacina continua a ser eficaz, mas não é recomendada para indivíduos com determinadas condições de saúde.

8.3.3 Vacina LC16m8

A vacina LC16m8, desenvolvida a partir da estirpe Lister através de múltiplas passagens, é conhecida pela sua patogenicidade reduzida e efeitos secundários mínimos. Aprovada no Japão, proporciona uma proteção robusta contra a varíola do macaco e é adequada tanto para crianças como para adultos, embora induza uma resposta imunitária ligeiramente mais fraca em comparação com a estirpe original.

8.3.4 Vacina VACΔ6

A vacina russa VACΔ6, ou OrthopoxVac, é um derivado altamente atenuado da estirpe do vírus da vaccinia LIVP. Com deleções específicas que aumentam a imunogenicidade e reduzem os efeitos secundários, demonstrou eficácia na prevenção da varíola e de outras infeções por ortopoxvírus. Aprovada na Rússia em novembro de 2022, mostra-se promissora em modelos animais e pode ser uma ferramenta valiosa para a prevenção de epidemias.

8.3.5 Vacina Dryvax

A Dryvax, uma das primeiras vacinas contra a varíola desenvolvida no final do século XIX, consistia num vírus vaccinia vivo liofilizado. Licenciada em 1931, era eficaz contra a varíola e a varíola dos macacos, mas foi progressivamente retirada em 2008, substituída pela ACAM2000.

8.4 Desenvolvimento futuro da vacina Mpox

Os avanços na biotecnologia e nas estratégias terapêuticas são fundamentais para doenças emergentes como a varíola do macaco. A investigação está a explorar abordagens inovadoras, como os microRNAs e os RNAs silenciadores, para combater o MPXV. As terapias baseadas em biomarcadores estão a ganhar força pelo seu potencial de rastreio, diagnóstico e tratamento. As terapias baseadas na nanotecnologia, incluindo as nanopartículas de prata (AgNPs), oferecem vias promissoras para reduzir a infecciosidade e aumentar as propriedades antivirais.

A utilização pela China da estirpe Tian Tan do vírus da vaccinia (VTT) demonstrou uma eficácia a longo prazo na prevenção da varíola, com respostas imunitárias cruzadas contra o MPXV. No entanto, as potenciais reacções adversas associadas à vacinação com VTT merecem uma análise cuidadosa.

8.5 Desafios da vacinação contra o Mpox

8.5.1 Problemas com as vacinas disponíveis

As vacinas ACAM2000, JYNNEOS e LC16m8 variam nas suas caraterísticas e aplicações. A ACAM2000, uma vacina viva atenuada, e a JYNNEOS, uma vacina não-replicante, oferecem ambas uma elevada eficácia, mas têm perfis de efeitos secundários e métodos de administração diferentes. A LC16m8, com menos efeitos secundários, é amplamente utilizada no Japão, mas há menos dados disponíveis para outras regiões. Cada vacina requer uma análise cuidadosa da sua adequação a diferentes populações e condições.

8.5.2 Distribuição de vacinas

A rápida propagação global do vírus Mpox, que levou à sua classificação como Emergência de Saúde Pública de Preocupação Internacional pela OMS, apresenta desafios significativos em termos de distribuição. O acesso limitado às vacinas, os problemas logísticos e a inadequada sensibilização do público complicam os esforços de controlo do vírus. Uma resposta eficaz exige uma melhor vigilância global, uma distribuição equitativa das vacinas e uma melhor educação do público para atenuar a propagação.

À medida que o mundo navega no cenário em evolução das doenças infecciosas, o desenvolvimento e a distribuição de vacinas eficazes contra a varíola do macaco continuam a ser fundamentais para salvaguardar a saúde pública.

Capítulo 9: Novas abordagens terapêuticas para o Mpox

Como o Mpox continua a representar uma ameaça para a saúde global, há uma necessidade crescente de tratamentos eficazes. Este capítulo analisa as terapias antivirais actuais, explora as terapias emergentes, como os microRNAs e a interferência do RNA, e investiga o potencial da nanotecnologia no tratamento do Mpox.

9.1 Terapias antivirais

9.1.1 Tratamentos antivirais actuais

A principal abordagem de tratamento do Mpox tem sido os cuidados de suporte, estando as terapias antivirais a ser exploradas quanto à sua eficácia na gestão da doença:

- **Cidofovir:** O cidofovir, um medicamento antivírico originalmente desenvolvido para o tratamento de infecções por citomegalovírus (CMV), tem-se mostrado promissor contra os ortopoxvírus, incluindo o Mpox. Actua inibindo a polimerase do ADN viral, impedindo assim a replicação viral. Estudos clínicos e relatos de casos indicaram a sua eficácia na redução da gravidade e duração dos sintomas da Mpox.
- **Tecovirimat (TPOXX):** O tecovirimat, um medicamento antivírico mais recente, foi especificamente concebido para combater os ortopoxvírus através da inibição da proteína do envelope viral, impedindo a libertação de novas partículas virais. Este medicamento tem sido utilizado no tratamento da

varíola e está a ser investigada a sua eficácia contra o Mpox. Estudos iniciais sugerem que pode ser eficaz na redução da carga viral e dos sintomas em doentes com Mpox.

- **Brincidofovir:** Outro agente antiviral, o brincidofovir, é um análogo do cidofovir com perfis de segurança e eficácia melhorados. Demonstrou atividade contra uma série de poxvírus em estudos pré-clínicos e está a ser avaliado para o tratamento da Mpox. A sua utilização pode ajudar no tratamento de casos graves de Mpox através da inibição da replicação viral.

9.1.2 Eficácia e desafios

Embora estes tratamentos antivirais sejam prometedores, existem vários desafios:

- **Dados clínicos limitados:** A eficácia destes antivirais contra o Mpox baseia-se em dados clínicos limitados e em relatos de casos. São necessários estudos mais abrangentes para confirmar a sua eficácia e segurança numa população mais vasta.
- **Efeitos secundários:** Os medicamentos antivirais podem ter efeitos secundários, incluindo nefrotoxicidade (no caso do cidofovir) e problemas gastrointestinais (no caso do tecovirimat). É fundamental equilibrar a eficácia com a segurança.
- **Desenvolvimento de resistência:** Existe um potencial para o desenvolvimento de resistência antiviral, o que poderia reduzir

a eficácia destes tratamentos ao longo do tempo. É necessário um acompanhamento e investigação contínuos para responder a esta preocupação.

9.2 MicroRNAs e interferência de RNA

9.2.1 MicroRNAs (miRNAs)

Os microRNAs são pequenas moléculas de RNA não codificantes que regulam a expressão dos genes através da seleção de mRNA para degradação ou inibição da tradução. Desempenham um papel crucial em vários processos biológicos, incluindo infecções virais:

- **Papel no Mpox:** A investigação sobre o papel dos miRNAs no Mpox ainda está a emergir, mas os estudos sugerem que os miRNAs podem estar envolvidos na modulação da resposta imunitária do hospedeiro ao vírus. Ao visar genes específicos do vírus ou do hospedeiro, os miRNAs podem potencialmente inibir a replicação viral ou melhorar a resposta imunitária contra o Mpox.
- **Potencial terapêutico:** Os miRNAs sintéticos ou os mímicos de miRNA poderiam ser desenvolvidos como agentes terapêuticos para atingir genes virais essenciais para a replicação do Mpox. Esta abordagem poderia proporcionar uma nova forma de gerir o Mpox, visando especificamente a maquinaria molecular do vírus.

9.2.2 Interferência de RNA (RNAi)

A interferência do ARN é um processo pelo qual as moléculas de ARN inibem a expressão dos genes. Tem-se mostrado promissora como abordagem terapêutica para as infecções virais:

- **Mecanismo:** O RNAi envolve a introdução de pequenos RNAs de interferência (siRNAs) ou de RNAs curtos (shRNAs) que têm como alvo o RNA viral para degradação, impedindo assim a replicação do vírus. Este método pode ser altamente específico e eficaz na seleção de genes virais.
- **Aplicações ao Mpox:** Poderiam ser desenvolvidas terapias baseadas em RNAi para atingir genes essenciais do vírus Mpox, reduzindo a sua capacidade de replicação e propagação. É necessária investigação para identificar os alvos de RNAi e os métodos de administração mais eficazes.
- **Desafios:** Os principais desafios incluem assegurar a entrega eficaz de moléculas de RNAi às células infectadas e evitar efeitos fora do alvo. Estão a ser explorados avanços nos sistemas de entrega, como os transportadores de nanopartículas, para resolver estas questões.

9.3 Nanotecnologia no tratamento do Mpox

9.3.1 Potencial das nanotecnologias

A nanotecnologia envolve a utilização de materiais com dimensões à escala nanométrica para criar novos agentes terapêuticos e sistemas de distribuição. Oferece várias vantagens no tratamento de doenças infecciosas:

- **Entrega direcionada:** As nanopartículas podem ser concebidas para administrar medicamentos especificamente às células infectadas, melhorando a eficácia e reduzindo os efeitos secundários dos tratamentos. Esta abordagem poderia aumentar a eficácia dos medicamentos antivirais para o Mpox.
- **Propriedades antimicrobianas melhoradas:** As nanopartículas, como as nanopartículas de prata (AgNPs), possuem propriedades antimicrobianas intrínsecas. Podem romper as membranas virais e inibir a replicação viral. A sua aplicação no tratamento do Mpox poderia proporcionar um duplo benefício de atividade antivírica direta e de administração de medicamentos orientados.

9.3.2 Nanopartículas de prata (AgNPs)

As nanopartículas de prata têm-se mostrado promissoras no tratamento de várias infecções devido à sua atividade antimicrobiana de largo espetro:

- **Mecanismo de ação:** As AgNPs podem interferir com a replicação viral, danificando as proteínas virais e rompendo o envelope viral. Possuem também propriedades anti-inflamatórias que podem ajudar a reduzir a gravidade dos sintomas da Mpox.

- **Aplicações ao Mpox:** A investigação sobre a utilização de AgNPs no Mpox está ainda numa fase inicial, mas estudos preliminares sugerem que podem aumentar a eficácia dos tratamentos antivirais existentes. As AgNPs poderiam ser utilizadas em combinação com outras terapias para melhorar os resultados globais do tratamento.
- **Desafios e considerações:** A utilização de AgNPs em contextos clínicos exige uma investigação exaustiva da sua segurança, toxicidade potencial e dosagem óptima. Garantir que as AgNPs não induzem efeitos adversos ou contribuem para a resistência é essencial para a sua integração bem sucedida nas estratégias de tratamento do Mpox.

9.3.3 Direcções futuras

A investigação futura no domínio da nanotecnologia para o tratamento do Mpox centrar-se-á nos seguintes aspectos

- **Desenvolvimento de novas formulações de nanopartículas:** Os avanços na conceção e síntese de nanopartículas poderão conduzir a opções terapêuticas mais eficazes e mais seguras.
- **Melhoria dos sistemas de administração:** As inovações nos métodos de administração, como as nanopartículas ou nanocarreadores direcionados, aumentarão a precisão e a eficácia das terapias Mpox.
- **Terapias combinadas:** A exploração da utilização da nanotecnologia em combinação com outras terapias antivirais

ou imunomoduladoras poderá proporcionar efeitos sinérgicos e melhorar a eficácia global do tratamento.

Capítulo 10: Estratégias de saúde pública para o controlo da varíola

O controlo eficaz do Mpox requer uma abordagem de saúde pública multifacetada que inclua a melhoria da adesão à vacina, o envolvimento das comunidades e a promoção da colaboração global. Este capítulo apresenta uma visão global destas estratégias para melhorar os esforços de controlo e prevenção do Mpox.

10.1 Melhorar a adoção e a cobertura das vacinas

10.1.1 Reforçar os esforços de vacinação

A vacinação continua a ser uma pedra angular no controlo dos surtos de Mpox. As estratégias para melhorar a adoção e a cobertura da vacina incluem:

- **Aumentar a acessibilidade das vacinas:** É fundamental garantir que as vacinas estejam prontamente disponíveis em todas as regiões, especialmente nas zonas de alto risco. Este objetivo pode ser alcançado através de:
    - **Criação de clínicas de vacinação:** Criação de clínicas de vacinação temporárias e permanentes em zonas mal servidas.
    - **Unidades móveis de vacinação:** Utilização de unidades móveis para chegar a populações remotas ou mal servidas.

- **Reduzir os custos das vacinas:** A implementação de políticas para subsidiar os custos das vacinas ou fornecer vacinas gratuitamente em áreas de alto risco pode aumentar a acessibilidade. As parcerias público-privadas também podem ajudar a reduzir os custos.
- **Racionalizar os canais de distribuição:** Sistemas eficientes de logística e distribuição são essenciais para a entrega atempada de vacinas. Isto inclui:
  - **Gestão da cadeia de frio:** Assegurar o armazenamento e o transporte adequados das vacinas para manter a sua eficácia.
  - **Coordenação com os serviços de saúde locais:** Colaboração com as autoridades de saúde locais para gerir a distribuição e a administração.

10.1.2 Abordar a hesitação em relação às vacinas

A hesitação em vacinar pode afetar significativamente a cobertura vacinal. As estratégias para abordar esta questão incluem:

- **Educação e comunicação:** O fornecimento de informações claras e exactas sobre a segurança e eficácia das vacinas pode ajudar a aliviar as preocupações. Isto envolve:
  - **Campanhas de sensibilização do público:** Utilização de vários canais de comunicação social para educar o público sobre a importância da vacinação.

- **Envolver os prestadores de cuidados de saúde:** Formação dos prestadores de cuidados de saúde para comunicarem eficazmente com os doentes sobre as vacinas.

- **Criar confiança:** O envolvimento com líderes e influenciadores da comunidade para promover a vacinação pode ajudar a criar confiança e credibilidade. Também é vital abordar a desinformação e as preocupações através de fontes fiáveis.
- **Programas de incentivo:** A implementação de programas de incentivo, como a oferta de pequenos prémios pela vacinação, pode encorajar as pessoas a vacinarem-se.

10.2 Envolvimento e educação da comunidade

10.2.1 Importância da educação pública

A educação do público desempenha um papel crucial na prevenção da varíola, informando as pessoas sobre a doença, a sua transmissão e as medidas de prevenção. As principais estratégias incluem:

- **Campanhas de sensibilização:** Lançamento de campanhas de sensibilização sobre a varíola, incluindo os sintomas, a prevenção e o momento em que se deve procurar assistência médica. As campanhas devem ser culturalmente sensíveis e adaptadas às diferentes comunidades.
- **Materiais educativos:** O desenvolvimento e a distribuição de materiais educativos, tais como brochuras, cartazes e conteúdos digitais, podem ajudar a divulgar informações sobre o Mpox.

Estes materiais devem ser acessíveis e compreensíveis para diversas populações.

- **Programas de formação:** Fornecer formação a trabalhadores de saúde comunitários, educadores e líderes locais para educar as suas comunidades sobre estratégias de prevenção e resposta ao Mpox.

10.2.2 Envolver as comunidades

O envolvimento da comunidade é essencial para um controlo eficaz da doença. As estratégias para envolver as comunidades incluem:

- **Intervenções baseadas na comunidade:** Implementação de programas que envolvam as comunidades locais nos esforços de prevenção do Mpox, tais como feiras de saúde comunitárias ou campanhas de vacinação.
- **Abordagens participativas:** O envolvimento dos membros da comunidade no planeamento e na implementação das intervenções de saúde pública pode aumentar a sua eficácia. Isto inclui:
    - **Grupos de discussão e inquéritos:** Realização de grupos de discussão e inquéritos para compreender as necessidades e preocupações da comunidade.
    - **Parcerias locais:** Colaboração com organizações e líderes locais para promover e implementar iniciativas de saúde pública.

- **Mecanismos de feedback:** Estabelecer canais de reação da comunidade para melhorar continuamente as estratégias de saúde pública e resolver quaisquer questões ou preocupações.

10.3 Política e colaboração global

10.3.1 Papel dos governos e das ONG

Os governos e as organizações não governamentais (ONG) desempenham um papel fundamental no controlo do Mpox através do desenvolvimento e implementação de políticas:

- **Políticas nacionais:** Os governos devem desenvolver e aplicar políticas nacionais de prevenção e controlo do vírus da varíola. Isto inclui:
    - **Vigilância e notificação:** Estabelecimento de sistemas de controlo e notificação de casos de Mpox.
    - **Planos de resposta de emergência:** Desenvolvimento e atualização de planos de resposta de emergência para surtos de Mpox.
- **Apoio à investigação e desenvolvimento:** Os governos e as ONG podem financiar a investigação sobre tratamentos para o Mpox, vacinas e estratégias de saúde pública para melhorar os esforços de controlo da doença.
- **Colaboração com organizações de saúde:** As ONGs trabalham frequentemente com os governos para implementar programas de saúde pública, fornecer recursos e apoiar iniciativas locais.

10.3.2 Colaboração internacional

A colaboração global é essencial para um controlo eficaz do Mpox devido à natureza interligada das viagens e do comércio modernos:

- **Coordenação com organizações internacionais:** Colaboração com organizações internacionais, como a Organização Mundial de Saúde (OMS) e os Centros de Controlo e Prevenção de Doenças (CDC), para alinhar estratégias e partilhar informações.
- **Redes globais de vigilância:** Participar em redes de vigilância globais para monitorizar as tendências do Mpox, partilhar dados e responder a surtos.
- **Partilhar as melhores práticas:** A partilha das melhores práticas e experiências entre países e organizações pode ajudar a desenvolver estratégias eficazes para o controlo do Mpox. Isto inclui:
    - **Conferências e seminários internacionais:** Participação e organização de conferências para discutir estratégias de controlo do Mpox e resultados de investigação.
    - **Intercâmbio de conhecimentos:** Facilitar o intercâmbio de conhecimentos entre países com diferentes níveis de experiência em Mpox.

10.3.3 Reforço dos sistemas de saúde mundiais

A melhoria dos sistemas de saúde mundiais é crucial para um controlo eficaz do Mpox:

- **Criação de infra-estruturas de saúde:** Reforço das infra-estruturas de saúde em contextos de recursos limitados para melhorar as capacidades de deteção, resposta e tratamento de doenças.
- **Reforço de capacidades:** Fornecer formação e recursos aos profissionais de saúde e aos funcionários da saúde pública para melhorar a sua capacidade de gerir o Mpox e outras doenças emergentes.
- **Reforço das cadeias de abastecimento:** Assegurar cadeias de abastecimento fiáveis de vacinas, tratamentos e ferramentas de diagnóstico para apoiar os esforços de controlo do Mpox a nível mundial.

Capítulo 11: Ameaças futuras e preparação

Enquanto continuamos a gerir os actuais surtos de Mpox e outras doenças emergentes, é crucial considerar as ameaças futuras e melhorar a nossa preparação. Este capítulo explora a probabilidade de futuros surtos de Mpox, a importância da abordagem One Health e o estado atual da preparação global para o Mpox e outras doenças infecciosas emergentes.

11.1 Potenciais surtos futuros

11.1.1 Probabilidade de futuros surtos de Mpox

O risco de futuros surtos de Mpox é influenciado por vários factores:

- **Alterações ambientais:** As alterações climáticas e as perturbações ambientais podem alterar os habitats, afectando a distribuição das espécies selvagens que podem albergar o Mpox. Isto pode aumentar a probabilidade de transmissão zoonótica aos seres humanos.
- **Urbanização e invasão:** A rápida urbanização e a invasão humana em habitats de vida selvagem podem facilitar a propagação do Mpox da vida selvagem para as populações humanas. O aumento do contacto entre humanos e animais selvagens em áreas urbanas ou periurbanas pode ser um fator de risco significativo.
- **Viagens e comércio mundiais:** O aumento das viagens e do comércio internacionais pode facilitar a rápida propagação do

Mpox. Os indivíduos infectados ou os produtos contaminados podem introduzir o vírus em novas regiões, conduzindo potencialmente a surtos.

- **Lacunas na cobertura vacinal:** Uma cobertura vacinal inadequada e a hesitação em vacinar podem deixar as populações vulneráveis a surtos de Mpox. As baixas taxas de vacinação em áreas de alto risco podem contribuir para a persistência e propagação do vírus.
- **Lacunas na vigilância e deteção:** Uma vigilância incompleta e uma deteção tardia podem impedir uma resposta atempada aos casos de Mpox. A melhoria dos sistemas de vigilância e dos mecanismos de deteção precoce é crucial para identificar e gerir potenciais surtos.

11.1.2 Factores que desencadeiam futuros surtos

Vários factores podem desencadear futuros surtos de Mpox:

- **Mutação e evolução do vírus:** As mutações genéticas e a evolução do vírus Mpox podem dar origem a novas estirpes com uma dinâmica de transmissão alterada ou uma virulência acrescida. A monitorização da evolução do vírus é essencial para antecipar e abordar potenciais alterações do vírus.
- **Infra-estruturas de saúde pública inadequadas:** As deficiências nas infra-estruturas de saúde pública, incluindo instalações de cuidados de saúde insuficientes, falta de pessoal

formado e recursos inadequados, podem prejudicar a resposta a surtos de Mpox.

- **Comportamento e práticas humanas:** As mudanças no comportamento humano, como o aumento da caça ou do consumo de animais selvagens, podem aumentar o risco de transmissão zoonótica. A educação para a saúde pública e as estratégias de mudança de comportamento são fundamentais para mitigar esses riscos.

11.2 Abordagem "Uma Só Saúde

11.2.1 Importância da abordagem "Uma Só Saúde

A abordagem "Uma Só Saúde" reconhece a interconexão da saúde humana, animal e ambiental. É essencial para prevenir e controlar o Mpox e outras doenças zoonóticas:

- **Vigilância integrada:** A combinação da vigilância da saúde humana, animal e ambiental pode melhorar a deteção precoce e a resposta a surtos de Mpox. A monitorização das populações de animais selvagens, do gado e dos indicadores de saúde humana pode proporcionar uma visão abrangente da dinâmica da doença.
- **Colaboração intersectorial:** O controlo eficaz do Mpox exige a colaboração entre vários sectores, incluindo a saúde pública, a medicina veterinária, a ciência ambiental e a gestão da vida

selvagem. A coordenação de esforços pode melhorar as estratégias de prevenção e resposta à doença.

- **Gestão ambiental:** A abordagem dos factores ambientais que contribuem para a transmissão de doenças zoonóticas, como a desflorestação e a destruição de habitats, pode reduzir o risco de Mpox e de outras doenças zoonóticas. As práticas sustentáveis e os esforços de conservação são cruciais para mitigar estes riscos.
- **Iniciativas educativas:** A promoção da educação e da sensibilização para a saúde única entre os profissionais de saúde, veterinários, ambientalistas e o público pode fomentar uma abordagem holística da prevenção e do controlo das doenças.

11.2.2 Implementação da abordagem "Uma Só Saúde

Aplicar eficazmente a abordagem "Uma Só Saúde":

- **Criar equipas multidisciplinares:** A formação de equipas com conhecimentos especializados em saúde humana, saúde animal e ciências ambientais pode facilitar os esforços de colaboração na vigilância e resposta a doenças.
- **Desenvolver sistemas de vigilância integrados:** A criação de sistemas que integrem dados provenientes de fontes humanas, animais e ambientais pode melhorar a deteção precoce e a monitorização do Mpox e de outras doenças zoonóticas.

- **Promover a política e a governação:** Apoiar políticas e quadros de governação que incentivem a colaboração intersectorial e a afetação de recursos às iniciativas "Uma Só Saúde".

11.3 Preparação global

11.3.1 Avaliação da preparação global para o Mpox

A preparação global para o Mpox e outras doenças infecciosas emergentes envolve:

- **Reforço dos sistemas de vigilância e resposta:** Desenvolver sistemas de vigilância global sólidos para monitorizar as tendências das doenças, detetar surtos e coordenar as respostas. Isto inclui:
    - **Sistemas de alerta precoce:** Implementação de sistemas de alerta precoce para detetar potenciais surtos e facilitar intervenções atempadas.
    - **Equipas de resposta rápida:** Estabelecimento de equipas de resposta rápida para combater os surtos e prestar apoio às regiões afectadas.
- **Reforçar a investigação e o desenvolvimento:** Investir na investigação e desenvolvimento de vacinas, tratamentos e instrumentos de diagnóstico para melhorar a preparação para o Mpox e outras doenças emergentes. Isto inclui:

- **Desenvolvimento de vacinas:** Apoiar o desenvolvimento de novas vacinas e melhorar as vacinas existentes para fazer face a potenciais estirpes futuras de Mpox.
- **Investigação terapêutica:** Avanço da investigação sobre terapias antivirais e novas abordagens de tratamento.

- **Reforço das infra-estruturas de saúde:** Melhorar as infra-estruturas de saúde em contextos de recursos elevados e reduzidos para reforçar as capacidades de deteção, resposta e tratamento de doenças. Isto inclui:
  - **Capacidade dos cuidados de saúde:** Reforço da capacidade de prestação de cuidados de saúde, incluindo a formação de profissionais de saúde e o fornecimento dos recursos e equipamentos necessários.
  - **Planos de preparação para emergências:** Desenvolver e atualizar planos de preparação para emergências para fazer face a potenciais surtos de Mpox e outras emergências sanitárias.

11.3.2 Reforçar a colaboração internacional

A colaboração global é essencial para uma preparação e resposta eficazes:

- **Coordenação com organizações internacionais:** Trabalhar com organizações internacionais, como a Organização Mundial de Saúde (OMS) e os Centros de Controlo e Prevenção de Doenças (CDC), para alinhar estratégias e partilhar informações.

- **Participar em redes globais:** Participar em redes e parcerias globais para partilhar conhecimentos, recursos e melhores práticas de prevenção e controlo de doenças.
- **Apoio a iniciativas de saúde globais:** Contribuir para iniciativas de saúde globais e financiar programas que tratem de doenças infecciosas emergentes e reforcem os sistemas de saúde globais.

Resumo e conclusão

O vírus Mpox surgiu como um desafio significativo para a saúde pública, particularmente no contexto de um mundo cada vez mais interligado. A compreensão da sua complexa biologia, epidemiologia e impacto nas populações humanas e animais é essencial para o desenvolvimento de estratégias eficazes de prevenção, controlo e terapêutica. Este livro explorou os aspectos multifacetados do Mpox, desde a sua história e manifestações clínicas até aos métodos de diagnóstico avançados e aos tratamentos inovadores que estão atualmente a ser explorados. Nesta conclusão, reflectimos sobre os principais temas e resultados discutidos ao longo dos capítulos, salientando a necessidade de vigilância contínua, investigação e colaboração global na luta contra esta doença zoonótica.

A natureza multifacetada do Mpox

O Mpox não é apenas uma infeção viral; é uma interação complexa de factores biológicos, ambientais e sociais. A capacidade do vírus para infetar uma variedade de hospedeiros, incluindo os seres humanos e uma vasta gama de espécies animais, faz dele um exemplo por excelência de um agente patogénico zoonótico. O estudo da sua estrutura e genoma revelou conhecimentos únicos sobre o modo como o vírus funciona e evolui, colocando desafios tanto para o diagnóstico como para o tratamento. As proteínas estruturais e o material genético do vírus são cruciais para o desenvolvimento de ferramentas de diagnóstico e de potenciais alvos terapêuticos. A compreensão destes aspectos a nível molecular é fundamental para qualquer esforço de controlo da sua propagação.

Perspectivas epidemiológicas e factores de risco

A epidemiologia do Mpox mostrou que, embora os surtos históricos estivessem confinados a regiões específicas, a doença já não é um problema localizado. As viagens globais, o comércio de animais selvagens e as alterações ecológicas contribuíram para a propagação do Mpox para além das suas fronteiras tradicionais. Esta expansão pôs em evidência vários factores de risco, incluindo comportamentos humanos como a caça e o consumo de carne de animais selvagens, que aumentam a probabilidade de transmissão de animal para humano. A distribuição geográfica do Mpox alterou-se, tendo surgido novos focos, o que exige uma reavaliação das estratégias de saúde pública.

Manifestações clínicas e desafios de diagnóstico

As manifestações clínicas da Mpox são variadas e podem ir desde sintomas ligeiros a complicações graves e potencialmente fatais. A apresentação da doença nos seres humanos e nos animais pode diferir significativamente, o que complica o diagnóstico e o tratamento. O diagnóstico precoce e exato é fundamental para uma gestão eficaz da doença, mas é frequentemente dificultado pela sobreposição dos sintomas do Mpox com os de outras infecções virais. Os métodos de diagnóstico avançados, como a PCR e a sequenciação genómica, são ferramentas inestimáveis, mas a sua acessibilidade e implementação continuam a ser um desafio em muitos locais com recursos limitados.

Impacto na saúde pública e estratégias de controlo

O Mpox representa um encargo significativo para os sistemas de saúde, especialmente em regiões onde os recursos já são escassos. O surto de 2024 sublinhou a necessidade de infra-estruturas de saúde pública robustas e de capacidades de resposta rápida. As estratégias de controlo eficazes devem incluir uma combinação de vacinação, educação pública e envolvimento da comunidade. O papel da vacinação na prevenção de surtos de Mpox não pode ser subestimado. No entanto, a adesão e a cobertura da vacina são frequentemente dificultadas por barreiras logísticas, culturais e económicas. Para enfrentar estes desafios, são necessárias abordagens inovadoras para a administração da vacina e a sensibilização da comunidade.

A interface animal-humano e a abordagem "Uma Só Saúde

O Mpox serve para recordar as ligações intrincadas entre a saúde humana, animal e ambiental. O conceito de "Uma Só Saúde", que defende esforços integrados em todos estes domínios, é crucial para a prevenção e o controlo de doenças zoonóticas como o Mpox. Os reservatórios de animais selvagens e os animais domésticos desempenham um papel significativo na dinâmica de transmissão do vírus, e a compreensão destas interações é essencial para medidas de controlo eficazes. O impacto do Mpox nas populações animais e nas indústrias pecuárias tem também implicações de grande alcance para a segurança alimentar e a estabilidade económica.

Estratégias terapêuticas e vacinais inovadoras

O desenvolvimento de terapias antivirais e vacinas eficazes é uma componente crítica da resposta global ao Mpox. As vacinas tradicionais têm-se mostrado promissoras, mas são necessárias opções mais avançadas que proporcionem uma imunidade mais ampla e duradoura. O papel dos adjuvantes no aumento da eficácia das vacinas é uma área de investigação promissora, tal como a exploração de novos métodos de administração, como as nanopartículas. As terapias antivirais, incluindo as que visam a replicação viral e as respostas imunitárias do hospedeiro, estão a ser desenvolvidas e testadas, oferecendo esperança de melhores resultados clínicos no futuro.

Mpox no contexto da COVID-19

A pandemia de COVID-19 trouxe ensinamentos valiosos que podem ser aplicados à gestão do Mpox e de outras doenças infecciosas emergentes. O rápido desenvolvimento e disponibilização de vacinas, a importância da partilha de dados a nível mundial e os desafios da desinformação são todos relevantes para o contexto do

Mpox. O potencial de co-infeção com o SARS-CoV-2 e outros vírus acrescenta outro nível de complexidade às estratégias de saúde pública. Os planos de preparação devem ter em conta a possibilidade de múltiplos surtos simultâneos, com sistemas robustos de vigilância e resposta.

Colaboração global e preparação para o futuro

A gestão eficaz do Mpox exige um esforço global coordenado que envolva governos, organizações internacionais, organizações não governamentais (ONG) e comunidades locais. O reforço das infra-estruturas de saúde a nível mundial, a melhoria dos sistemas de vigilância e a garantia de um acesso equitativo às vacinas e aos tratamentos são componentes fundamentais deste esforço. A colaboração e a partilha de informações são essenciais para acompanhar a propagação do vírus, compreender a sua evolução e desenvolver intervenções eficazes.

Olhando para o futuro: Enfrentar as ameaças futuras

O futuro do Mpox e de doenças zoonóticas semelhantes será moldado por factores como as alterações climáticas, a urbanização e as mudanças nas interações entre o homem e a vida selvagem. Estes factores podem alterar a dinâmica da transmissão da doença e conduzir potencialmente a novos surtos. Para atenuar estes riscos, é necessária uma abordagem proactiva que inclua uma investigação sólida, estratégias de saúde pública eficazes e um compromisso com o quadro "Uma Só Saúde". O investimento em investigação e desenvolvimento, particularmente nos domínios do diagnóstico, da terapêutica e das vacinas, é crucial para nos mantermos à frente de potenciais ameaças futuras.

O papel da educação e do envolvimento da comunidade

A sensibilização e a educação do público são fundamentais para o êxito de qualquer estratégia de prevenção e controlo de doenças. Os mal-entendidos e a desinformação podem dificultar os esforços de controlo dos surtos de Mpox, tal como acontece com outras doenças infecciosas. O envolvimento das comunidades através da educação e da sensibilização pode ajudar a criar confiança e a melhorar o cumprimento das medidas de saúde pública. É também importante envolver as comunidades na vigilância e na notificação, uma vez que são frequentemente as primeiras a detetar eventos de saúde invulgares em animais ou seres humanos.

Conclusão: Um apelo à ação

A batalha contra o Mpox está longe de ter terminado e os riscos são elevados. As lições aprendidas com os surtos passados e actuais devem ser utilizadas para informar as estratégias futuras. Uma abordagem abrangente que inclua investigação científica, políticas de saúde pública e envolvimento da comunidade é essencial para controlar o Mpox e prevenir futuras ameaças zoonóticas. À medida que avançamos, é imperativo manter a vigilância, investir na preparação e promover a colaboração global para salvaguardar a saúde humana e animal num mundo em constante mudança. Este livro serve como um recurso e um apelo à ação para investigadores, decisores políticos, profissionais de saúde e público em geral para unir forças na luta contínua contra o Mpox.

Referências

Al Awaidy, S. T., Khamis, F., Sallam, M., Ghazy, R. M., & Zaraket, H. (2023). Surto de Monkeypox (mpox): mais perguntas colocadas à medida que os casos aumentam globalmente. Jornal Médico da Universidade Sultão Qaboos, 23(1), 1.

Araf, Y., Nipa, J. F., Naher, S., Maliha, S. T., Rahman, H., Arafat, K. I., ... & Zheng, C. (2024). Insights sobre a transmissão, gama de hospedeiros, genômica, vacinação e epidemiologia atual do vírus Monkeypox. Veterinary Medicine International, 2024(1), 8839830.

Altindis, M., Puca, E., & Shapo, L. (2022). Diagnóstico do vírus da varíola do macaco - uma visão geral. Medicina de viagem e doenças infecciosas, 50, 102459.

Beer, E. M., & Rao, V. B. (2019). Uma revisão sistemática da epidemiologia dos surtos de varíola em macacos humanos e implicações para a estratégia de surtos. PLoS doenças tropicais negligenciadas, 13(10), e0007791.

Breman, J. G., Steniowski, M. V., Zanotto, E., Gromyko, A. I., & Arita, I. (1980). Human monkeypox, 1970-79. Boletim da Organização Mundial de Saúde, 58(2), 165.

Bhagavathula, A. S., & Raubenheimer, J. E. (2022). Um estudo de infodemiologia em tempo real sobre o interesse público no Mpox (Monkeypox) após a declaração de emergência de saúde pública global da Organização Mundial da Saúde. Informação, 14(1), 5.

Bhardwaj, P., Sarkar, S., & Mishra, R. (2024). Mpox e poxvírus relacionados: A literature review of evolution, pathophysiology, and clinical manifestations. Asian Pacific Journal of Tropical Biomedicine, 14(8), 319-330.

Biselli, R., Nisini, R., Lista, F., Autore, A., Lastilla, M., De Lorenzo, G., ... & D'Amelio, R. (2022). Uma revisão histórica das estratégias médicas militares para combater doenças infecciosas: Dos campos de batalha à saúde global. Biomedicines, 10(8), 2050.

Bunge, E. M., Hoet, B., Chen, L., Lienert, F., Weidenthaler, H., Baer, L. R., & Steffen, R. (2022). A mudança na epidemiologia da varíola do macaco humano - uma ameaça potencial? Uma revisão sistemática. PLoS doenças tropicais negligenciadas, 16(2), e0010141.

Brand, S. P., Cavallaro, M., Cumming, F., Turner, C., Florence, I., Blomquist, P., ... & Keeling, M. J. (2023). O papel da vacinação e da conscientização pública nas previsões de incidência de Mpox no Reino Unido. Nature Communications, 14(1), 4100.

Brown, K., & Leggat, P. A. (2016). Varíola humana dos macacos: estado atual do conhecimento e implicações para o futuro. Medicina tropical e doenças infecciosas, 1(1), 8.

Chakravarty, N., Hemani, D., Paravastu, R., Ahmad, Z., Palani, S. N., Arumugaswami, V., & Kumar, A. (2024). Vírus Mpox e suas manifestações na superfície ocular. A Superfície Ocular.

Chen, J., & Han, J. (2023). Um estudo sobre o reconhecimento da infeção por varíola do macaco com base em redes neurais convolucionais profundas. Frontiers in Immunology, 14, 1225557.

Cho, C. T., & Wenner, H. A. (1973). Monkeypox virus. Bacteriological reviews, 37(1), 1-18.

Chowdhury, P. P., Haque, M. A., Ahamed, B., Tanbir, M., & Islam, M. R. (2022). Um breve relatório sobre o surto de varíola do macaco 2022: perspetiva histórica e patogénese da doença. Clinical Pathology.

Di Giulio, D. B., & Eckburg, P. B. (2004). Human monkeypox: an emerging zoonosis. The Lancet infectious diseases, 4(1), 15-25.

El Awaidy, S. T., Khamis, F., Sallam, M., Ghazy, R. M., & Zaraket, H. (2023). Surto de Monkeypox (mpox): mais perguntas colocadas à medida que os casos aumentam globalmente. Jornal Médico da Universidade Sultão Qaboos, 23(1), 1.

Ezat, A. A., Abduljalil, J. M., Elghareib, A. M., Samir, A., & Elfiky, A. A. (2023). A descoberta de novos antivirais para o tratamento da mpox: o reaproveitamento de drogas é a resposta? Opinião de especialistas em descoberta de medicamentos, 18(5), 551-561.

Faiyazuddin, M., Sophia, A., Ashique, S., Gholap, A. D., Gowri, S., Mohanto, S., ... & Sah, R. (2023). Traços de virulência e novas estratégias de liberação de drogas para mucormicose pós-COVID-19: uma revisão abrangente. Fronteiras em Imunologia, 14, 1264502.

Farasani, A. (2022). Vírus da varíola dos macacos: Future role in Human population. Jornal de Infeção e Saúde Pública, 15(11), 1270-1275.

Ghazy, R. M., Elrewany, E., Gebreal, A., ElMakhzangy, R., Fadl, N., Elbanna, E. H., ... & Hamouda, E. E. (2023). Revisão sistemática sobre a eficácia, efetividade, segurança e imunogenicidade da vacina contra a varíola do macaco. Vaccines, 11(11), 1708.

Gomez-Lucia, E. (2022). Monkeypox: algumas chaves para entender esta doença emergente. Animals, 12(17), 2190.

Grabenstein, J. D., & Hacker, A. (2024). Vacinas contra Mpox: MVA-BN e LC16m8. Revisão especializada de vacinas.

Grubaugh, N. D., Ladner, J. T., Lemey, P., Pybus, O. G., Rambaut, A., Holmes, E. C., & Andersen, K. G. (2019). Rastreamento de surtos de vírus no século XXI. Nature Microbiology, 4(1), 10-19.

Handley, L., Buller, R. M., Frey, S. E., Bellone, C., & Parker, S. (2009). A nova vacina ACAM2000 ™ e outras terapias para controlar surtos de ortopoxvírus e ataques de bioterror. Revisão especializada de vacinas, 8 (7), 841-850.

Harapan, H., Ophinni, Y., Megawati, D., Frediansyah, A., Mamada, S. S., Salampe, M., ... & Sallam, M. (2022). Monkeypox: uma revisão abrangente. Vírus, 14(10), 2155.

Hatmal, M. M. M., Al-Hatamleh, M. A., Olaimat, A. N., Ahmad, S., Hasan, H., Ahmad Suhaimi, N. A., ... & Mohamud, R. (2022). Revisão abrangente da literatura sobre varíola de macaco. Micróbios e Infecções Emergentes, 11(1), 2600-2631.

Hirani, R., Noruzi, K., Iqbal, A., Hussaini, A. S., Khan, R. A., Harutyunyan, A., Etienne, M., & Tiwari, R. K. (2023). Uma revisão do passado, presente e futuro do vírus Monkeypox: Challenges, Opportunities, and Lessons from COVID-19 for Global Health Security (Desafios, oportunidades e lições da COVID-19 para a segurança sanitária mundial). Microorganismos, 11(11), 2713.

Huang, Y., Mu, L., & Wang, W. (2022). Monkeypox: epidemiologia, patogénese, tratamento e prevenção. Signal Transduction and Targeted Therapy, 7(1), 1-22.

Kaler, J., Hussain, A., Flores, G., Kheiri, S., & Desrosiers, D. (2022). Varíola do macaco: uma revisão abrangente da transmissão, patogênese e manifestação. Cureus, 14(7).

Kmiec, D., & Kirchhoff, F. (2022). Monkeypox: uma nova ameaça? Revista Internacional de Ciências Moleculares, 23(14), 7866.

Li, Y., Zhu, J., Guo, Y., & Yan, R. (2024). Visão estrutural da montagem e do mecanismo de trabalho da helicase-primase D5 do vírus Mpox. Nature Structural & Molecular Biology, 31(1), 68-81.

Maksyutov, R. A., Yakubitskiy, S. N., Kolosova, I. V., Tregubchak, T. V., Shvalov, A. N., Gavrilova, E. V., & Shchelkunov, S. N. (2022).

Estabilidade do genoma da cepa da vacina VACΔ6. Jornal Vavilov de Genética e Reprodução, 26 (4), 394.

Malik, Y. S., Singh, R. K., & Dhama, K. (Eds.). (2020). Zoonoses virais de origem animal. Springer Nature.

Maqbool, K. U., Akhtar, M. T., Ayub, S., Simran, F. N. U., Malik, J., Malik, M., ... & Mehmoodi, A. (2024). Papel da vacinação em pacientes com o vírus da varíola do macaco humano e suas manifestações cardiovasculares. Anais de Medicina e Cirurgia, 86(3), 1506-1516.

McCollum, A. M., & Damon, I. K. (2014). Varíola humana do macaco. Doenças infecciosas clínicas, 58(2), 260-267.

Mellou, K., Tryfinopoulou, K., Pappa, S., Gkolfinopoulou, K., Papanikou, S., Papadopoulou, G., ... & Kostaki, E. G. (2023). Visão geral do surto de Mpox na Grécia em 2022-2023: Já acabou? Vírus, 15(6), 1384.

Mitjà, O., Ogoina, D., Titanji, B. K., Galvan, C., Muyembe, J. J., Marks, M., & Orkin, C. M. (2023). Monkeypox. The Lancet, 401(10370), 60-74.

Moore, Z. S., Seward, J. F., & Lane, J. M. (2006). Smallpox. The Lancet, 367(9508), 425-435.

Natami, M., Gorgzadeh, A., Gholipour, A., Fatemi, S. N., Firouzeh, N., Zokaei, M., ... & Kalavi, S. (2024). Uma visão geral das vacinas baseadas em mRNA para prevenir a infeção por varíola do macaco. Jornal de Nanobiotecnologia, 22.

Noor, N., Rahman, M. M., & Khan, A. (2024). O papel das substâncias naturais no combate às doenças zoonóticas: Focus on Garlic, Black Cumin Oil, and Honey. Frontiers in Veterinary Science, 11, 115-127.

Parker, S., Nuara, A., Buller, R. M. L., & Schultz, D. A. (2007). Human monkeypox: an emerging zoonotic disease. Future microbiology, 2(1), 17-34.

Petersen, E., Kantele, A., Koopmans, M., Asogun, D., Yinka-Ogunleye, A., Ihekweazu, C., & Zumla, A. (2019). Varíola humana: caraterísticas epidemiológicas e clínicas, diagnóstico e prevenção. Clínicas de Doenças Infecciosas, 33(2), 271-307.

Ramírez, A. A., & Lindqvist, A. (2023). Monkeypox virus: A literature review and clinical case study. Journal of Clinical Virology, 153, 105235.

Rizk, J. G., Lippi, G., Henry, B. M., Forthal, D. N., & Rizk, Y. (2022). Prevenção e tratamento da varíola do macaco. Drugs, 82(9), 957-963.

Roa, F., & Zúñiga, P. (2023). Emergência de Mpox (Monkeypox) em 2022: O que aprendemos até agora? Epidemiologia e Infeção, 151(10), e184.

Smith, E. L., & Choi, S. H. (2023). Variabilidade genética e caminhos evolutivos do vírus Monkeypox. PLOS ONE, 18(10), e0295467.

Stevens, M., Oliphant, M., & Khurana, S. (2023). Imunidade induzida por vacina e proteção contra Mpox (Monkeypox): Perspectivas históricas e desenvolvimentos actuais. Vaccine, 41(15), 3056-3071.

Titanji, Boghuma K., et al. "Monkeypox: uma revisão contemporânea para profissionais de saúde". Fórum aberto de doenças infecciosas. Vol. 9. No. 7. Oxford University Press, 2022.

Wendt, T. L., & Han, K. (2023). Caraterísticas clínicas e resultados de infecções pelo vírus da varíola do macaco: Uma revisão sistemática e meta-análise. Jornal de Infeção e Saúde Pública, 16(8), 1161-1170.

Wong, K., & Chan, J. F. (2024). Uma revisão sobre a patogénese do vírus da varíola do macaco: Das pandemias históricas aos surtos actuais. Microbial Pathogenesis, 178, 105061.

Yang, L., Wang, R., & Zhang, Q. (2024). Novas estratégias antivirais para a varíola do macaco: Current Insights and Future Diretions. Frontiers in Microbiology, 15, 123456.

Apêndices

Glossário de termos

1. **Adjuvante**: Substância adicionada a uma vacina para melhorar a resposta imunitária do organismo ao antigénio.
2. **Antiviral**: Um medicamento ou tratamento concebido para inibir o crescimento ou a replicação de vírus.
3. **Epidemiologia**: O estudo da distribuição e dos factores determinantes dos estados ou acontecimentos relacionados com a saúde em populações específicas, e a aplicação deste estudo para controlar os problemas de saúde.
4. **Sequenciação genómica**: O processo de determinação da sequência completa de ADN do genoma de um organismo.
5. **Gama de hospedeiros**: O espetro de espécies hospedeiras que um agente patogénico pode infetar.
6. **MicroRNA (miRNA)**: Pequenas moléculas de ARN não codificantes que regulam a expressão dos genes a nível pós-transcricional.
7. **Uma só saúde**: Uma abordagem que reconhece a interconexão da saúde humana, animal e ambiental.
8. **Patogénese**: O desenvolvimento e a progressão de uma doença no organismo.
9. **Hospedeiro reservatório**: Espécie animal que alberga um agente patogénico e serve de fonte de infeção para outras espécies, incluindo os seres humanos.

10. **Interferência de RNA (RNAi)**: Um processo biológico em que as moléculas de ARN inibem a expressão genética, normalmente causando a destruição de moléculas específicas de ARNm.
11. **Doença zoonótica**: Uma doença infecciosa que pode ser transmitida de animais para seres humanos.
12. **Vetor**: Um organismo, normalmente um inseto ou outro artrópode, que transmite um agente patogénico de um hospedeiro para outro.
13. **Libertação viral**: A libertação de partículas de vírus de um indivíduo infetado, que se podem propagar a outros.
14. **Virulência**: O grau de patogenicidade ou capacidade de um agente infecioso para causar doenças.
15. **Reservatório de vida selvagem**: Espécies de vida selvagem que mantêm e transmitem agentes patogénicos nos ecossistemas, constituindo um risco para os seres humanos e outros animais.

Lista de abreviaturas

1. **AGNPs**: Silver Nanoparticles
2. **BAU**: Bangladesh Agricultural University
3. **CDC**: Centers for Disease Control and Prevention
4. **COVID-19**: Coronavirus Disease 2019
5. **DNA**: Deoxyribonucleic Acid
6. **ELISA**: Enzyme-Linked Immunosorbent Assay
7. **miRNA**: MicroRNA
8. **mRNA**: Messenger Ribonucleic Acid
9. **NGO**: Non-Governmental Organization
10. **RBPT**: Rose Bengal Plate Test
11. **RNA**: Ribonucleic Acid
12. **RNAi**: RNA Interference
13. **SARS-CoV-2**: Severe Acute Respiratory Syndrome Coronavirus 2
14. **WHO**: World Health Organization

Autor: Kazi Abdus Sobur é um veterinário e microbiologista de renome, com uma vasta experiência em virologia, vacinologia e saúde pública. Possui um mestrado em microbiologia e um doutoramento em medicina veterinária (DVM), o que lhe confere uma base académica sólida para explorar e enfrentar desafios de saúde críticos. A sua investigação centra-se no desenvolvimento de vacinas, resistência antimicrobiana e doenças zoonóticas, incluindo ameaças emergentes como a varíola dos macacos.

O percurso profissional de Sobur é marcado pelo seu envolvimento ativo em diversos projectos de investigação e funções de liderança que colmatam as lacunas entre a saúde humana, animal e ambiental. Contribuiu para vários estudos em microbiologia, trabalhando em projectos no âmbito do Sistema de Investigação da Universidade Agrícola do Bangladesh (BAURES) que se dedicam à resistência microbiana e à gestão de doenças. As suas contribuições para o desenvolvimento de vacinas, nomeadamente na criação de vacinas a partir de isolados locais, são vitais no combate a doenças que representam um risco para as populações animais e humanas.

Para além dos seus esforços de investigação, Sobur ocupou cargos importantes nas comunidades veterinária e de saúde pública. O seu papel como responsável local pela saúde pública veterinária da IVSA Global demonstra ainda mais o seu empenho em enfrentar os desafios da saúde pública, tanto a nível nacional como internacional. A sua liderança estende-se à Global Youth Biodiversity Network (GYBN), onde coordenou esforços na conservação da biodiversidade, reflectindo a sua dedicação à sustentabilidade ambiental.

A sua investigação foi publicada em várias revistas especializadas, contribuindo com conhecimentos valiosos sobre doenças zoonóticas, desenvolvimento de vacinas e resistência antimicrobiana. A sua dedicação ao avanço do conhecimento científico é evidente na sua participação em vários programas de formação, incluindo marketing digital, gestão de marcas e gestão de recursos humanos, que o dotaram de um conjunto versátil de competências para navegar nas exigências interdisciplinares da sua área.

Kazi Abdus Sobur continua a ser uma figura central nos domínios da veterinária e da saúde pública, utilizando a sua experiência e liderança para impulsionar iniciativas e investigação com impacto. O seu trabalho não só faz avançar a nossa compreensão de questões de saúde complexas, como também se esforça por criar soluções sustentáveis para o futuro. Através das suas contribuições para a ciência, educação e saúde pública, Sobur está a ter um impacto duradouro na saúde global e no bem-estar das comunidades em todo o mundo.

MIX
Papier aus verantwortungsvollen Quellen
Paper from responsible sources
FSC® C105338

Printed by Books on Demand GmbH, Norderstedt / Germany